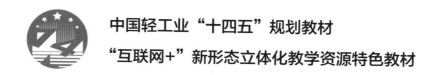

中国轻工业"十四五"规划教材

"互联网+"新形态立体化教学资源特色教材

服装缝制工艺基础（第二版）

闫学玲 编 著

中国轻工业出版社

图书在版编目（CIP）数据

服装缝制工艺基础 / 闫学玲编著. —2版. —北京：
中国轻工业出版社，2024.7

ISBN 978-7-5184-4291-1

Ⅰ.①服… Ⅱ.①闫… Ⅲ.①服装缝制 Ⅳ.
①TS941.634

中国国家版本馆CIP数据核字（2024）第027954号

责任编辑：李　红　　责任终审：劳国强　　设计制作：锋尚设计
策划编辑：李　红　　责任校对：晋　洁　　责任监印：张京华

出版发行：中国轻工业出版社（北京鲁谷东街5号，邮编：100040）
印　　刷：艺堂印刷（天津）有限公司
经　　销：各地新华书店
版　　次：2024年7月第2版第1次印刷
开　　本：889×1194　1/16　印张：10.75
字　　数：380千字
书　　号：ISBN 978-7-5184-4291-1　定价：49.80元
邮购电话：010-85119873
发行电话：010-85119832　010-85119912
网　　址：http://www.chlip.com.cn
Email：club@chlip.com.cn
版权所有　侵权必究
如发现图书残缺请与我社邮购联系调换
221397J2X201ZBW

前言

《服装缝制工艺基础》以照片的形式，逐步分解、展现服装部件制作的过程，尤其详细介绍了服装重点部位工艺流程的方法和技巧。书里对于服装工艺中每个部位的操作过程安排合理，借助文字说明，易学、易懂、易操作。自2008年8月第一次印刷以来，被多家高等院校服装专业当作教材使用，销售量较大，已多次印刷。

结合社会市场需求，进一步扩大读者的适用范围，需要更通俗、简单、明了、高效的服装缝制方法，以及更方便快捷的学习方式，目前需要新增制作过程视频和新的工艺技巧。这次再版，在延续第一版风格的基础上，根据教育创新背景下课程的教学特点，增强互动性、启发性，从进一步便于教学、方便自学、学用结合等角度出发，强化基础内容，对基础工艺的一些技法进行了拓展。对于第一版书中介绍的款式新增了配套的视频，新增了工业平缝机安全使用常识，及滚边无领、腰头、西服背开衩的缝制工艺等内容；强化了课程思政，通过一针一线，引导学生学习领会服装工艺领域的"工匠精神"，包括精益求精之美，敬业、精益、创新之精神。修订后的教材内容更加直观，可操作性更强，即使没有工艺基础知识的人员也能一看就懂，一学就会，达到立竿见影的效果，读者结合上机实践练习，就能在较短的时间内掌握常见服装的制作技法。

习近平总书记在党的二十大报告中强调，必须坚持科技是第一生产力、人才是第一资源、创新是第一动力，深入实施科教兴国战略、人才强国战略、创新驱动发展战略，开辟发展新领域新赛道，不断塑造发展新动能新优势。而大国工匠的培养是我国人才强国的一部分，通过本书的学习，可引导学生学习服装工艺领域的"工匠精神"，包括敬业、创新、持续专注、开拓进取、精益求精、追求极致的精神。

本书在编写过程中，得到了河南科技学院领导及同事的大力支持，在此深表感谢！众所周知，服装缝制工艺需要与时俱进、不断更新，这里所提供的仍是缝制工艺的基础，书中纰漏和瑕疵在所难免，恳请各地师生及服装爱好者在使用过程中多提宝贵意见。

编著者

目　录

第七章

领子缝制与
安装工艺

第八章

门襟缝制
工艺

第一章

缝纫基础知识

第一节　常用缝纫、熨烫工具

一、常用缝纫工具

（1）缝纫机：分家用缝纫机、工业缝纫机和专用缝纫机三种。

（2）裁剪剪刀：裁剪衣料用的剪刀，一般选择9~12号为宜。

（3）小剪刀：缝纫过程中剪线用的工具。

（4）顶针：金属制成的手工缝纫专用工具，表面有小坑，使用时套于右手中指第一、二关节之间，以免缝制时扎破手指。

（5）锥子：在翻出领角、衣角或拆掉缝合线时使用。

（6）镊子：在拔除线钉或车缝过程中调整上、下层衣片间的吃势时使用。

（7）手针：手缝用针，根据粗细不同分为1~12号，号码越小针杆越粗。常用的是6~7号针，也可根据面料厚薄选择。

（8）机针：机缝用针，根据缝纫机的种类不同可分为家用缝纫机针、工业缝纫机针、专用缝纫机针等。机针的规格有9~16号，号码越大针身越粗，所形成的针孔也越大，因此要根据面料的厚薄选择相应的针号。常用的为9、11、14号机针。

（9）大头针：通常用于立体裁剪或试衣补正，有时在缝合较长的衣缝时也可用作分段固定，使衣片的上、下层吃量分配均匀。

（10）划粉：在衣片上做标记用的粉片，有多种颜色，一般选用与面料相近的颜色，以免在服装表面留下明显的痕迹。

（11）棉线：打线钉或临时固定用的线，一般选用棉线。

（12）缝纫线：缝合衣片时缝纫机用线，一般选用与面料相同或相近色的线，也可根据款式需要选用与面料色泽不同的缝纫线。

二、常用熨烫工具

（1）台案：服装裁剪、熨烫必用的案子，一般长度为100~150cm，宽度为80~100cm，高度可根据工作者个人身高而定。案子上面铺有一层呢垫或帆布，用来缓解台案表面的硬度，避免在熨烫衣服时由于案面过硬使衣片的表面出现亮光。

（2）熨斗：有普通电熨斗和蒸汽电熨斗两种，用于缝制过程中的分缝、归拔或成品整烫。

（3）烫布：为了避免毛织物、化纤织物等在熨烫过程中出现极光（亮光），在衣片表面垫的布，一般选用纯棉布料。

（4）烫凳：熨烫服装时用的工具，一般高度为25~30cm，宽度为12~15cm。熨烫肩部、袖窿、裆部等不易摆平的部位时使用。

（5）布馒头：熨烫服装时用的工具，一般高度为20~25cm，长度为40~55cm，常用于熨烫口袋、衣身、领子等部位。

第二节　手针使用常识

　　手针工艺是学习服装缝制的一项基本功，具有灵活、方便的特点，能代替缝纫机不能完成的某些技能，是服装制作中不可缺少的工艺技法。学习手针工艺不仅要掌握各种针法，还要有熟练的操作方法，能够运用熟练的技术和技巧进行缝制。

一、选用手针常识

　　常用的手针有粗、细两种，粗条针针孔大，便于缝纫粗线，适合缝厚衣料时选用；细条针针孔小、针细，适合缝制薄衣料时选用。

　　手针的型号越小，针就越粗越长；手针的型号越大，针就越细越短。型号一般有1～12号，缝制一般服装常用3～7号，缝制呢绒、牛仔布等厚料服装或锁眼常用3、4号针，缝制丝绸、平纹细布等薄料服装，可选用6、7号针。

二、拿针的方法

　　拿针时不能大把捏针，要用右手拇指和食指捏住针的上段，无名指和小指要伸开。用不同的针法缝制时，手指起着不同的作用，如夹住针、支撑布料、压住布料等。要注意，捏针时针的尖部不要露出太多，运针时将顶针抵住针尾端，用微力使缝针穿过衣料，拉线时要避免缝线出现死结。

三、戴顶针

　　戴顶针不仅有助于扎孔、运针，还可以保护手指不受损伤。顶针以戴在右手中指的第一指节上端为宜。选用顶针时，要选洞眼深一些的，若洞眼浅针容易打滑，容易扎破手。

四、捏针穿线的方法

　　穿线就是要把缝线穿入手缝针眼中。穿线的姿势是左手拇指和食指捏针，右手拇指和食指拿线，将线头伸出1cm左右，随后右手中指抵住左手中指，稳定针孔和线头，便于顺利穿过针眼。线穿过针眼，顺势将线拉出，然后打结。

第三节　常用针法缝制

一、拱针（平针缝）

视频1-3-1
拱针（平针缝）

　　针尖在布的正面，行针方向由右向左，按照先下后上，针脚等距的步骤向前缝，针距为0.3～0.5cm。针距要均匀，线路要顺直或圆顺，拉线松紧要适宜，衣料的表面要平服，如图1-3-1所示。

二、插针

视频1-3-2
插针

　　行针的方向自右向左，出针后在原地挑起下层的布料，然后以0.3～0.5cm左右的针距向上层进针，要求在衣片的正面不露线迹，里可以露少量针迹，针迹要整齐、均匀，如图1-3-2所示。插针一般用于折边与面料相合处。

三、环缝

视频1-3-3
环缝

　　环缝是处理毛边的一种缝制针法，起针的方向先下后上，针距没有硬性规定，根据需要可大可小，环线松紧要适宜，如图1-3-3所示。

四、攃针

　　攃针又称"绷缝、扎缝"，这种针法针距可大可小，起临时固定作用，经过撩缝后，要把攃线拆掉，如图1-3-4所示。

视频1-3-4　三角针

五、三角针

　　三角针行针方向自左向右，针入布方向自右向左，针距的大小不定，一般为

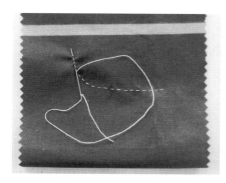

图1-3-1　拱针（平针缝）

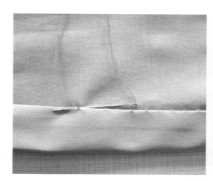

图1-3-2　插针

图1-3-3　环缝

0.3~1cm，注意针距要均匀、整齐，衣片的正面不可露出线迹，如图1-3-5所示。

　　三角针在缝制工艺中起固定折边的作用，常用于衣服下摆折边、袖口折边、裤口折边、西服领外领口包边等，它既能挡住毛边，又能起到装饰作用。

六、倒钩针

视频1-3-5　倒钩针

　　行针方向自左向右，针入布方向自右向左，针距一般为0.8~1cm，如行针1cm，倒回0.5cm，线迹可稍稍拉紧，之后用熨斗将缝线烫平，有缩短缝份的作用；注意针距要均匀、整齐，如图1-3-6所示。

　　倒钩针常用在上装袖笼处，起归袖笼的作用。

七、打线钉

视频1-3-6　打线钉

　　打线钉是用于高档服装制作工艺中做缝制标记的方法，其针法的好处是衣片的正面对称部位位置准确、清晰。分单针和双针两种，可用双线也可用单线，一般质地松弛的面料宜用双线，质地紧密的面料宜用单线，线选用棉线不容易脱落。

　　打线钉时须将两层衣片上下层比齐，按照裁剪粉印垂直下针，扎穿下层；剪线钉时先将长针距线剪断，再把叠合的衣片线钉处缝线拉松0.6cm左右，用小剪刀将夹里中间的缝线剪断，使上下两层衣片分离，并使两层衣片都有对称的缝制标记。衣料正面的线留0.3cm左右，不宜过长或过短，最后用手掌按一下线钉，可防线钉脱落，如图1-3-7所示。

八、拉线袢

视频1-3-7　拉线袢

　　拉线袢用于衣服的夹里贴边和衣身摆缝处的联结，先从衣片的反面起针，将缝线从反面穿出，在原地拱一针，形成一个线圈，然后用左手套住线圈，左手中指钩住缝线，放开左手套住的线圈，右手拉线，形成线袢，如此循环往复至需要的长度，最后将针穿进末尾线圈

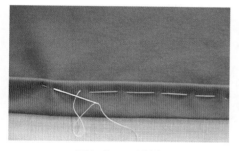

图1-3-4　搀针

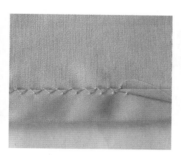

图1-3-5　三角针

图1-3-6　倒钩针

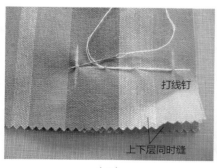

（1）

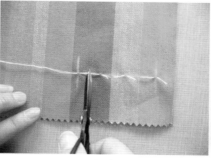

（2）

（3）

图1-3-7　打线钉

内，如图1-3-8所示。

九、锁纽眼

纽眼分为平头与圆头两种。衬衫上的纽眼常采用平头眼，两用衫、西服常采用圆头眼。锁纽眼时，先在衣服上按纽扣直径长短放0.1cm处画好位置，沿粉线剪开，平头眼剪成"I"形，圆头眼剪成"Y"形，然后在离剪口0.3cm处锁眼。锁平头眼时，由里向外，针距为0.15cm，抽针时将线向上方倾斜45°拉紧、拉整齐；锁另一侧时横向扎针，针距为0.3cm。锁圆头眼时，针距稍大些，扎针与抽线时必须对准圆心，拉线时倾斜角可稍大些，按照锁眼的宽度，从左到右锁完一周后在尾部打结，然后将线头引入夹层内，如图1-3-9所示。

质量要求：针脚整齐，表面平整，不露衣料毛丝，圆头要圆顺，平头要方正。

十、钉扣

纽扣可分实用扣与装饰扣两种。钉线可用单线，也可用双线，两孔纽扣的缝线可是一字形，四孔纽扣的缝线可是平行二字形、交叉形或口字形。

钉实用扣时，从面料的正面起针，也可直接从面料的反面起针，缝线要松，针距高于衣服厚度0.3cm，以便绕线脚，为了掌握好线脚的高度，可在纽扣的上面放入一根直径为0.3cm的细棍，之后把细棍抽掉。当最后一针从纽眼孔穿出时，缝线应自上而下排列整齐绕线脚数圈，绕脚要紧、整齐，然后将线带到反面打结，再将

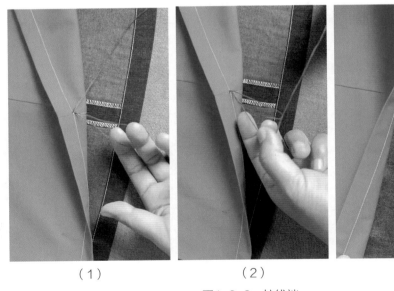

（1）　　　　（2）　　　　（3）

图1-3-8　拉线袢

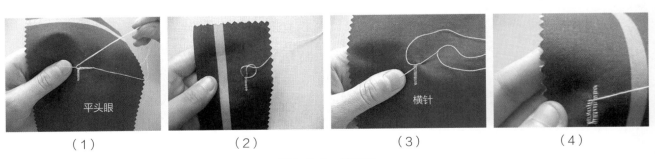

（1）　　　　（2）　　　　（3）　　　　（4）

图1-3-9　锁纽眼

尾结头引入夹层，如图1-3-10所示。

　　钉比较厚的大衣纽扣时，可以在衣片的反面垫上衬垫纽扣，上、下纽扣的针形要相同以增加牢度。钉装饰扣不用绕线脚，要贴着衣服钉。

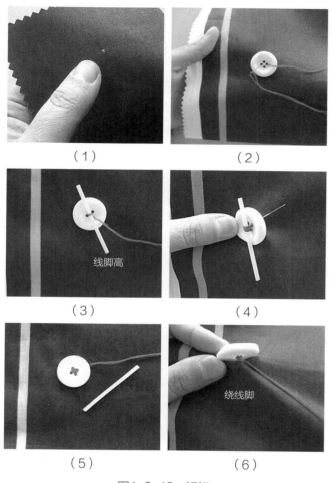

图1-3-10　钉扣

思考与练习

　　1. 简述环缝的特点和用途。

　　2. 简述倒钩针的特点和用途。

　　3. 平头眼与圆头眼针法的区别有哪些？

　　4. 钉实用扣与装饰扣的区别有哪些？

　　5. 课外练习各种常见手针针法。

第四节　工业平缝机使用常识

一、电动平缝机安全操作

要点如下：

（1）学生在使用电动平缝机时，应认真填写设备使用卡。

（2）学生在使用电动平缝机前，应检查所使用机器的零部件是否缺损，如有缺损，应及时报告指导教师。

（3）推启总开关前，应检查机器电源是否为关闭状态，以避免电流过大而烧坏电动机。

（4）机器运转时，不得将手指、头发、杆状物等靠近主动轮、皮带和马达，不得将手指插入挑线杆防护罩，不得将手指置于机针或主动轮处，严禁赤脚上机操作。

（5）若发现有异味或电机过热，及噪声、旋速不正常或断针、跳针、浮线等故障，应立即停机切断电源。

（6）换机针及穿引上下线时，应在关机状态下进行。

（7）学生不得随意拆卸机针、压脚等可拆卸的零部件。如确需更换时，应由专业人员更换或在专业教师指导下进行更换。

（8）电机开机引线后，不得空蹬机器，以免造成夹线、断针等故障。

（9）倒底线必须用倒线器，不得在机器大轮上倒底线。

（10）倒底线时，需抬起机器压脚，以防止压脚与齿牙磨损。

（11）使用机器时，需注意手与机针的距离，以防机针扎手。

（12）使用机器时，需注意脚踩踏板的力度，尽量用力均匀，以防用力过猛出现断针、断线等故障。

（13）使用者在离开机台或较长时间不用机器时，应随手关闭电机。

（14）班级负责人在离开车间时，应检查每台机器的开关，确认关闭后，切断总电源。

（15）在进入及离开实习车间时，应做好机器的交接工作，认真填写机器使用交接单或仪器使用登记簿。

二、空踏机练习

踏机练习是正确使用工业平缝机的基本功，每个初学者必须认真学习。电动平缝机是离合器电机传动，这种离合器的传动很灵敏，脚踏的力量越大，缝纫速度越快；反之缝纫速度则慢。通过脚踏用力的大小可随意调整缝纫机的转数，所以只有加强练习，才能掌握好工业平缝机的使用技术。

练习步骤如下：

（1）身体坐正，坐凳不要太高或太低。

（2）将右脚放在脚踏板上，右膝靠在膝控压脚的碰块上，稳机练习，不安装机针、不穿引缝线，做起步、慢速，抬、放压脚，以会为准。

（3）中速、停机练习，起步时要缓慢用力，切勿用力过大，停机要迅速准确，练习以慢、中速为主，反复进行，熟练掌握为准。

（4）倒顺送料练习，用二层纸或一层厚纸，做起缝、打倒顺练习。

（5）空车缉纸训练，在较好地掌握空车转的基础上进行不引线的缉纸练习。先缉直线，后缉弧线，然后进行不同距离的平行直线、弧线的练习，还可以练习各种图形，使手、脚、眼协调配合，做到纸上针孔整齐、直线不弯、弧线圆顺、短针迹或转弯不出头。

三、机缝前的准备

1. 针、线的选用

常用的工业平缝机机针型号规格有9号、11号、14号、16号，号码越小针身越细；号码越大针身越粗。与手针型号规格不同，机针所有型号长短一致。机针选择的原则是，缝料越厚越硬，机针越粗；缝料越薄越软，机针越细。缝线的选用原则在粗细上与机针的选用原则一样，还应注意缝纫线的性能应与衣料匹配，并且与工艺要求相符。

2. 绕底线

工业平缝机绕底线步骤：

将线从线架的过线孔引入→小夹线器过线孔→小夹线器→绕线器。

视频1-4-1　绕底线

3. 安装锁壳（锁芯套）

将锁芯放入锁壳中，线先从卡入锁壳卡槽，顺着卡槽划入，最后划到中间将线拉出。线迹松紧可以调节，顺时针转动螺丝，线迹变紧；逆时针转动螺丝，线迹变松。

视频1-4-2　安装锁壳

4. 穿线方法

工业平缝机面线穿线步骤：

面线引线→过线杆线孔→小夹线器过线孔→小夹线器→小夹线器过线孔→夹线器→挑线簧→缓线调节器→右线钩→挑线杆线孔→左线钩→套筒线钩→针杆线孔→机针针孔。

视频1-4-3　穿面线

5. 针迹、针距的调节

（1）针迹的调节。针迹清晰、整齐，针距密度合适，是衡量缝纫质量的重要方面。针迹的调节一般是靠旋紧或旋松面线的夹线弹簧螺丝，有时也会调节底线梭芯外梭子上梭皮的松紧，使底面线松紧适度，交接点在缝料中间不外露。

针迹调节应结合衣料的厚薄、松紧、软硬，合理进行。缝薄、松、软的衣料时，底、面线都应适当放松，压脚压力减小，送布牙也应适当放低，这样缝纫时可避免皱缩现象。表面起绒的衣料，为使线迹清晰，可以略将面线放松。卷缉贴边时，因是反缉可将底线略放松。缝厚、紧、硬的衣料时，底、面线应适当紧些，压脚压力要加大，送布牙应适当抬高，以便于送布。

（2）调节针距。机缝前必须先将针距调好，调节针距时，根据实际需要针距尺码大小转动针距标盘，数字越大，针距就越大。缝纫针距要适当，针距过稀不美观，且影响成衣牢度，针距过小易损伤衣料。一般情况下，薄料、精纺料针距为3cm长，14～18针；厚料、粗纺料针距为3cm长，8～12针。

（3）机针安装。

第一步：逆时针转动手轮，使针位停在最高处。

第二步：右手逆时针松动针夹螺丝钉，左手取下原机针；注意不要将针夹螺丝去掉。

第三步：将新机针的针柄平面朝向正右方向，针槽一面朝向正左方向，插入针杆的针槽内向上推到底。

第四步：用螺丝起子旋紧针夹螺丝钉。

四、引线踏机练习

视频1-4-4
踏机练习

在较好地掌握空车缉纸训练的基础上进行引线踏机练习。先缉直线，后缉弧线，然后进行不同距离的平行直线、弧线、倒回针练习，还可以练习各种图形，使手、脚、眼协调配合，做到缝线整齐、直线不弯、弧线圆顺、短针迹或转弯不出头。穿线踏机练习是正确使用工业平缝机的基础，通过脚踏用力的大小就可以随意调整缝纫机的速度，所以只有加强练习，才能掌握好工业平缝机的使用。

五、机缝的操作要领

（1）在衣片缝合无特殊要求的情况下，机缝时一般要保持上下松紧一致，上下衣片的缝份宽窄一致。但是由于缝纫时，下层衣片受到送布牙的直接推送，走得较快，而上层衣片受到压脚的阻力和送布牙的间接推送而走得较慢，往往衣片缝合后会产生上层长、下层短，或缝合的衣缝有松紧、皱缩等现象。所以要针对机缝的这一特点，采取相应的操作方法，在开始缝合时就要注意操作手势，左手向前稍推送上层衣片，右手把下层衣片稍带紧；有的缝不宜用手把握松紧，可借助镊子来控制松紧，这样才能使上下衣片始终保持长短一致、不起链形，这是机缝中最基本的操作要领。

（2）机缝的起落针，根据需要可缉倒回针或打线结收牢；机缝过程中如遇到断线，一般可以重叠接线，但倒回针或断线交接均不能出现双轨线。

（3）各种机缝缝型沿缝迹分开或沿缝迹坐倒、翻转，无特殊要求均要沿缝迹分足，不要有虚缝。

（4）在卷边缝、压止口和各种包缝的第二道缉线也要注意上下层的松紧一致。如果上下层缝料错位，丝缕不正时，虽然不会长短不齐，但会形成斜纹的链形。

思考与练习

1. 简述工业平缝机的安全操作注意事项。
2. 简述穿面线的顺序。
3. 怎样调节底线的松紧？

第五节 常用缝型缝制工艺

　　把裁好的衣片进行缝制，这时就需要拼接，拼接的痕迹就是缝，由于服装的款式、面料不同，在缝制过程中所采用的拼接方式也不相同，由此形成了缝型。每一种拼接要求的缝份宽度不同，缝份的加放对于服装的成品规格起着重要的作用，因此缝型不仅是服装的缝制问题，也关系到服装的结构设计，为了熟练掌握服装的缝制工艺，首先要掌握各种基本缝型的特点和缝制方法。

　　常用缝型的种类很多：平缝，分开缝，来去缝，内、外包缝等。其外观特点不一样，做法也不一样，具体做法如下。

一、平缝

　　平缝在各类服装的缝制中应用广泛。缝制时，把两层衣片正面叠合，沿着所留缝头进行缝合。要注意手法，上层略向前推送，下层略拉紧，要保持上下层松紧一致，上下缝头宽窄一致，如图1-5-1所示。

视频1-5-1 平缝

二、分开缝

　　分开缝是将两层布料平缝后，用熨斗将缝头分开的形式，常用于衣片的拼接部位，如图1-5-2所示。

视频1-5-2 分开缝

三、倒缝

　　倒缝是平缝后将缝头倒向一边烫平，如图1-5-3所示，一般用于夹层或夏季较薄面料，如肩缝、摆缝等。

视频1-5-3 倒缝

四、搭缝

　　搭缝是将缝头相搭1cm，正中缝一道线，如图1-5-4所示，一般用于衬布拼接。

视频1-5-4 搭缝

图1-5-1 平缝

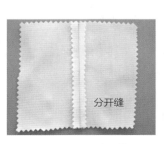

图1-5-2 分开缝

图1-5-3 倒缝

图1-5-4 搭缝

五、来去缝

视频1-5-5　来去缝

第一步：将衣片反面叠合，平缝0.3cm的缝头；

第二步：将缝头毛丝修齐，把衣片翻转到正面叠合缉0.5～0.6cm的线，如图1-5-5所示。

来去缝一般用于薄料衬衫的肩部、衬裤等。

六、滚包缝

视频1-5-6　滚包缝

滚包缝是将衣片的反面相对，只需一次缝合，将两片缝份的毛茬包净的缝型，如图1-5-6所示。适用于薄料衣服的包边，冬季棉袄的底边等。

七、分压缝（劈压缝）

视频1-5-7　分压缝

先将面料的正面叠合平缝，之后将缝头向两侧分开，衣片的上、下层倒向一侧，再在分开缝的基础上加压一道明线，具有加固、使缝平整的作用，常用于裤的后裆缝处，如图1-5-7所示。

八、外包缝

视频1-5-8　外包缝

第一步：将衣片反面与反面叠合，下层包转0.8cm，边缉0.1cm的明线；

第二步：将缝头倒向一侧，把衣片的正面朝上，正缉0.1cm的明线，外观为双明线，适用于男两用衫、夹克衫等服装作为装饰线，如图1-5-8所示。

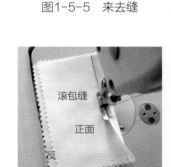

（1）

（2）

图1-5-5　来去缝

图1-5-6　滚包缝

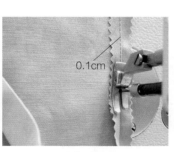

（1）　　　　　　　　（2）

图1-5-7　分压缝（劈压缝）

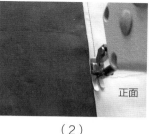
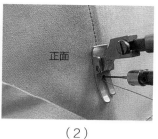

（1）　　　　　　　（2）

图1-5-8　外包缝

（1）　　　　　　　（2）

图1-5-9　内包缝

九、内包缝

将衣片正面与正面叠合，下层包转0.6cm的缝头，缉0.1cm的缝，然后翻身正缉0.4cm单止口。常用于男两用衫、夹克衫等服装，如图1-5-9所示。

视频1-5-9　内包缝

十、卷边（包光缝、贴边缝）

先将贴边按线钉或粉印折转，并将贴边毛边向内折光，折入的宽度为0.5cm左右，之后沿边缘缉0.1cm的缝，常用于上衣、裤子等的底边，如图1-5-10所示。

视频1-5-10　卷边

十一、夹缝

夹缝又称塞缝、骑缝，它是先将袖克夫或腰面毛边扣光对折，再夹住大身衣片沿光边缉线的缝，主要用于装袖克夫、装裙、裤腰等，如图1-5-11所示。

视频1-5-11　夹缝

十二、漏落缝（灌缝、落缉缝）

漏落缝是将物片的正面对正面平缝之后将缝头分开，在衣片正面分缝中间缉线，不露出线迹，连同下层缉牢的

图1-5-10　卷边（包光缝、贴边缝）

视频1-5-12　漏落缝（灌缝、落缉缝）

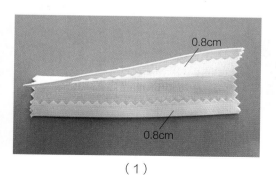

（1）　　　　　　　（2）

图1-5-11　夹缝

缝，常用于嵌线开袋和装腰中，如图1-5-12所示。

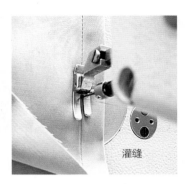

图1-5-12　漏落缝（灌缝、落缉缝）

十三、压条

视频1-5-13
压条

先将压条一侧的缝头（0.8cm）烫折到反面，再将压条的正面与物片的正面相对平缝；之后将压条的正面朝上，沿着烫折线缉0.1cm的明线，一边暗缝，一边缝明线，或两边都缉明线，常用于装饰缝，如图1-5-13所示。

十四、拉压缉缝

视频1-5-14
拉压缉缝

先将压条烫折0.8cm，再根据压条的宽度烫折3~5cm；之后将压条的正面与物片的反面相对绱压条，缝头为0.8cm，压条反转后正面压缉0.1cm的明线，压线最好不要缉住下层，以正好在下层边缘为佳。常用于装袖克夫、装腰、装领、装夹克衫下摆等，如图1-5-14所示。

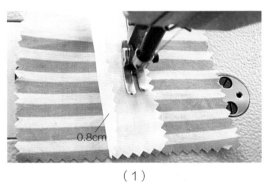

（1）

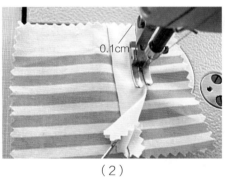

（2）

图1-5-13　压条

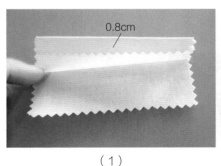

（1）

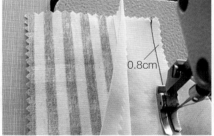

（2）

（3）

图1-5-14　拉压缉缝

十五、分缉缝

先将物片的正面相对平缝，之后分开缝烫平，在分开缝的基础上，衣片的正面线缝边缘各压一道0.1cm的明线，常用于厚料衣缝或装饰缝，如图1-5-15所示。

视频1-5-15　分缉缝

十六、串带袢

毛长为8cm，净宽为0.8cm，烫转一边缝头0.7cm为第一道，烫转另一边缝头0.5cm为第二道，然后对折熨烫，使里比面多出0.1cm，在串带袢两侧缉0.1cm止口，如图1-5-16所示。

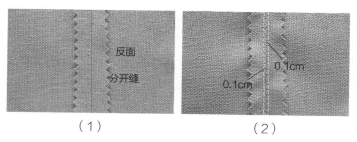

（1）　　　　　　　　　（2）

图1-5-15　分缉缝

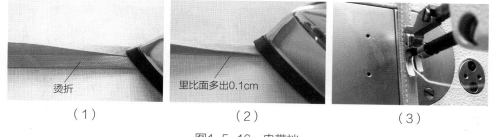

（1）　　　　　　　（2）　　　　　　　（3）

图1-5-16　串带袢

思考与练习

1. 在平缝时，怎样避免上下层物片长短不一的现象出现？
2. 内、外包缝的区别有哪些？
3. 夹缝的制作方法是什么？它在成衣中的用途是什么？
4. 夹缝与拉压缉缝的区别是什么？
5. 选择五种缝型自由组合，自行设计制作一件装饰品。

第六节　特殊缝型缝制工艺

视频1-6-1　滚

　　滚、嵌、镶、荡是服装的传统工艺，最常用于睡衣裤、旗袍、童装等服装。用料采用斜丝，以45°最佳。取料、拼接要注意取料的方向。当被装饰的布边为直线形时，也可采用直丝或横丝，取料的宽度、长短可根据工艺需要而定，滚、嵌、镶、荡的用料可用本色本料、本色异料或异色异料等，如图1-6-1所示。

一、滚

　　滚是处理衣片毛边的一种方法，也是一种装饰工艺。

　　方法一：将滚条正面与衣片的反面相对，按照滚边的宽度先缉合，再翻转滚条，折净滚条的另一边毛缝0.5cm，盖住第一条缉线并沿滚条的边缘缉0.1cm止口，如图1-6-2所示。

　　方法二：将滚条正面与衣片的正面相对，按照滚边的宽度缉合，再翻转滚条，折净滚条的另一边毛缝0.5cm，之后翻转滚条，包紧衣片的边缘，在正面滚边上缉0.1cm的明线，也可在滚边外口缉0.1cm线形成双止口，常用于上衣的底边、袖口滚边，如图1-6-3所示。

　　方法三：用专用滚边压脚（包边器），使滚条直接夹缉到衣片上，如图1-6-4所示。

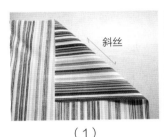
（1）

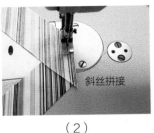
（2）

图1-6-1　滚、嵌、镶、荡取料与拼接

（1）

（2）

（3）

图1-6-2　滚方法一

（1）

（2）

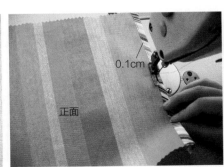
（3）

图1-6-3　滚方法二

方法四：将滚条的正面与衣片的正面相对缝合，之后翻转滚条，折净滚条另一侧毛缝，之后直接利用手针暗扦，如图1-6-5所示。

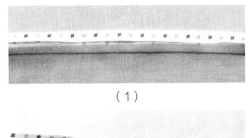

（1）

（2）

图1-6-4　滚方法三

图1-6-5　滚方法四

二、嵌

嵌是一种装饰工艺，按缝装的部位可以分外嵌和里嵌，外嵌装在领、门襟、袖口等止口处，起装饰作用。里嵌是安装在里口或衣片的分缝中。

视频1-6-2　嵌

1. 外嵌

将嵌线朝里对折烫平，与外层衣片外口正面相叠，按嵌线要求的宽度先缉在外层衣片的正面，之后将上下两层衣片正面相叠，紧沿第一道缉线里口缉线，如图1-6-6所示。最后将里、外层衣片翻到正面，把缝头、衣片倒向一边，就形成了外嵌。

2. 里嵌

二层衣片的缝头采用倒缝的形式，将嵌线倒向一边就形成了里嵌，如图1-6-7所示。嵌线内还可衬有线绳，使其更具有立体感，装饰效果更佳。

三、镶

镶主要用于不同颜色的镶拼装饰，适用于衣身、领、袖、袋中间或边缘部位的装饰，如图1-6-8所示。

视频1-6-3　镶

图1-6-6　外嵌

图1-6-7　里嵌

图1-6-8　镶

四、荡

视频1-6-4　荡

荡是用装饰布条悬荡于衣片中间的一种工艺，适用于衣身、领、袖、袋中间部位的装饰。

方法一：将荡条两边缝头折转，烫成所需宽度，直接将荡条压缉到所需要的部位，两边均为0.1cm止口，如图1-6-9所示。

方法二：把荡条一侧的缝头0.8cm折转烫倒，余下的宽度为荡条宽加一缝头；将荡条毛缝一边先缉上衣片；再压缉另一边止口，明线宽为0.1cm，如图1-6-10所示。

方法三：将荡条面、里对折烫平，先把荡条双层毛缝一边缉上衣片，再压另一边连折的止口，压缉0.1cm的明线，如图1-6-11所示。

缝型的运用很广泛，有些部位的缝制可以综合运用各种方法，有些缉线的宽度也是根据各种服装的面料和造型需要而决定的。因此可以根据不同款式、造型的需要，及增强牢度和装饰美观的需要，加以灵活运用。

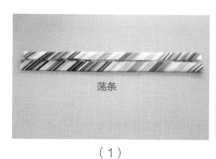
（1）

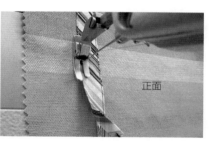
（2）

图1-6-9　荡方法一

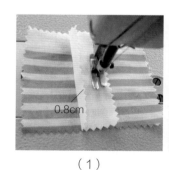

（1）

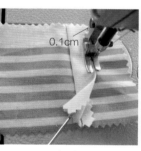

（2）

图1-6-10　荡方法二

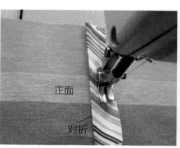
（1）

（2）

图1-6-11　荡方法三

思考与练习

1. 滚的制作方法有哪些？　　2. 里嵌与外嵌缝制方法有什么区别？

3. 镶的用途有哪些？　　4. 荡的用途及缝制方法有哪些？

第七节 省道缝制工艺

省道也称省缝，它是服装的某些部位根据人体体表状态所做的缉进的短缝，在结构处理上称收省，由省底和省尖构成。省合体，是衣缝的一种补充，按人体不同部位的实态，既可使衣表塌落而贴向人体凹陷的部位，又可使衣表凸起而容纳人体突出的部位，从而达到符合体表，修饰体型的目的。不同的省道在工艺上处理的方法近似，下面以钉形省（锥形省）为例介绍省道的缝制方法。

一、缉省工艺

方法一：根据省的大小，将衣片的正面相对，按照省中线对折，省根部位上、下层眼刀对准，由省根缉至省尖，省尖要缉尖，在省尖处留线头4cm左右，打结后剪短；或空踏机一段，使上下线自然交织成线圈，以防止线头脱落，如图1-7-1所示。

方法二：根据省的大小，将衣片的正面相对，按照省中线对折，为了使省道伏贴，缉省时在衣片的下面垫一层布，之后将省缝分开缝烫平，如图1-7-2所示。

方法三：麻衬、黑炭衬等质地较厚、硬挺，缉省时不可采取平缝的方法，应采取搭缝的手法以减少衬布的厚度。先将省道剪掉，在衬的下层垫一层粘合衬将省道对齐，为了增加其牢固度，采用"之"字形缉线，缉线超过省尖3cm左右，与衣片形成自然的过渡，避免省尖部位出现"酒窝"现象，如图1-7-3所示。

视频1-7-1 省道1

视频1-7-2 省道2

图1-7-1 缉省方法一

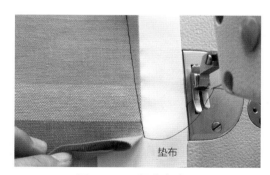

垫布

图1-7-2 缉省方法二

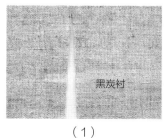

黑炭衬

（1）

下垫一层粘合衬将省线对齐

（2）

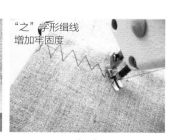

"之"字形缉线
增加牢固度

（3）

图1-7-3 缉省方法三

二、烫省工艺

省的熨烫工艺也直接影响省的外观效果，烫省时要把服装放在布馒头上，这样才可烫出服装的立体感，使之更贴合于人体。对于薄料衣服缉合后的省倒向一侧烫平，如图1-7-4（1）所示。熨烫时，为了避免衣片的正面出现省印，可在省缝与衣片之间放一张纸进行熨烫，或在省缝与衣片之间夹一层衬布进行熨烫。对于厚料采用分开缝熨烫，如图1-7-4（2）所示。或者把缉合后的省剪开烫，剪开的部位离省缉线0.3cm处停止，省道剪开的部分利用分开缝烫平，如图1-7-4（3）所示，省缝的省尖部位无法利用分开缝进行熨烫，又不可倒向一侧，且省道要保持顺、直、尖，采用的方法是在省尖处插入一根手缝针进行压烫，使省道保持不偏斜。

三、工艺要点

（1）收省后省量的大小不变。

（2）缉线要顺、直、尖。

（3）在衣片的正面不可出现皱褶、酒窝现象。

（4）缉省时要结合结构，注意省根处出现的亏欠的变形。

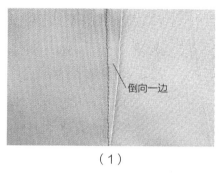

（1）

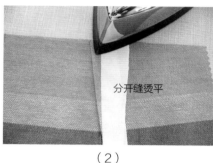

（2）

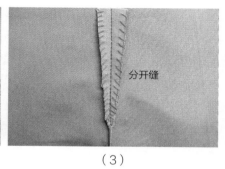

（3）

图1-7-4　烫省工艺

思考与练习

1. 省道的作用是什么？

2. 缝制省道时，怎样做到顺、直、尖？

3. 缝制省道时，怎样才能避免省尖出现"酒窝"？

第八节　褶裥缝制工艺

褶裥是指服装的某些部位根据人体或款式需要所做的皱褶、褶纹形式。褶裥富于变化，种类较多，以装饰为主，目的是使衣服更加合体、美观。褶裥可分为抽碎褶、倒褶（图1-8-1）、对褶（图1-8-2）、推碎褶、活褶、死褶、明裥、暗裥（图1-8-3）、单裥、组裥（图1-8-4）。

在操作时，应先在衣片上用划粉画出褶裥部位标记，然后用熨斗烫出褶裥的折痕，并用手针定缝，使褶裥固定，最后缝纫。大部分褶裥是上端缝牢，下端松散；缝好后褶裥可用熨斗烫平、烫死，遇到熨斗易打滑的布料，要垫上纸，熨烫时不要推烫，要压烫。

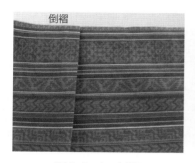

图1-8-1　倒褶

图1-8-2　对褶

图1-8-3　暗裥

图1-8-4　组裥

思考与练习

1. 常见的褶裥有哪几种？制作方法上有什么不同？
2. 练习各种省道的缝制方法。

第九节 熨烫工艺

熨烫是服装缝制工艺中的重要部分，服装行业常用"三分缝七分烫"来强调熨烫的重要性，熨烫贯穿于缝制工艺的始终。裁剪前，通过喷水熨烫或盖湿布熨烫，使衣料缩水，防止成品尺寸缩小。缝制前，以高档工艺把衣片热塑变形，即服装中所谓的"推、归、拔"工艺。利用衣料纤维的可塑性，改变纤维的伸缩度与织物经纬组织的密度和方向，塑造服装的立体造型，以适应人体的体型和活动状况的需要，弥补裁剪的不足，使服装达到外形美观、穿着舒服的目的。在缝制过程中，很多部位都需要边熨烫（小烫）边缝制。由于熨烫的辅助，既方便了操作，又提高了质量。缝制完成后，对整件服装的熨烫称为整烫（大烫），通过热定型处理，使服装平挺、整齐、美观。

一、平烫分缝

在熨烫分缝时，左手将缝头边分开边后退，右手拿熨斗向前移动，要达到分缝不伸、不缩、不皱、伏贴的要求。

二、拔烫分缝

熨烫分缝时，左手拉住缝头，熨斗在需要拔开的部位熨烫，使分缝伸长而不起吊，如图1-9-1所示。拔烫分缝主要用于熨烫衣服需拔开的部位，如上衣腰节部位、裤子中裆部位等。

三、归烫分缝

在熨烫分缝时，左手按照熨斗前方的衣缝略向熨斗方向推送，右手将熨斗向前移动，行进时稍提起熨斗前部，用力压烫，防止衣片斜丝伸长，如图1-9-2所示。归烫分缝主要用于熨烫衣服斜丝和归拢部位，如喇叭裙拼缝、上衣止口等部位。

四、扣烫

1. 直扣烫

左手把所需扣烫的缝头边折转边后退，同时熨斗尖跟着折转的缝头向前移动，然后熨斗底部稍用力压烫缝头，如图1-9-3所示。常用于烫裤腰、贴边、袖克夫、夹里摆缝等需要折转定型的部位。

2. 弧形扣烫

用左手手指按住缝头，右手操控熨斗尖在折转缝头处熨烫，熨斗右侧压住贴边上口，使上口弧形归缩，如图1-9-4所示。常用于熨烫上衣、裙的下摆等。

3. 圆形扣烫

在熨烫前先用缝纫机在圆形扣缝周围长针脚车缉一道，或用手缝针针法缝一道。然后把线抽紧，使圆角处收拢，缝头自然折转，最后用熨斗尖的侧面，把圆角处的缝头逐渐往里归拢，熨烫伏贴，如图1-9-5所示，

图1-9-1 拔烫分缝

图1-9-2 归烫分缝

图1-9-3 直扣烫

常用于烫圆角贴袋。

五、推、归、拔熨烫

推、归、拔是对织物热塑变形的熨烫工艺。推，就是推移，把衣片某一部位的胖势向预定方向推移；归，就是归拢，把衣片某一部位按预定要求缩短；拔，就是拔开，把衣片某一部位按预定要求伸长；推、归、拔三者相辅相成，操作时往往是同时进行的，归中有拔，拔中有归，推又是辅助归、拔实现变形的目的。通过推、归、拔工艺，能使制成的服装造型更加贴合人体，但推、归、拔变形也是有限的，过度归、拔会损伤织物纤维的强度，所以进行推、归、拔工艺也要适度。由于推是辅助，归、拔是实现变形的工艺，所以推、归、拔常简称为"归、拔"工艺，常用于毛呢类服装。

1. 归烫

归烫前喷上水花，一手握住熨斗，一手把衣片归拢的部位推进，操控熨斗由里逐步向外做弧形运动，归量渐增，从而形成表面呈纵向的凸形，如图1-9-6所示。经归烫后将衣片某部位的织物缩短，如前胸、袖窿、前后裤片的侧缝等。

2. 拔烫

拔烫前喷上水花，一手握住熨斗，一手拉住衣片拔开的部位，操控熨斗由外逐步向里做弧形运动，拔量渐减，从而形成表面呈纵向的凹形，如图1-9-7所示。经拔烫后将衣片某部位的织物伸展拉长，如衣片的腰节、裤片的中裆等。

3. 推烫

推烫是归烫的延续。推烫前喷上水花，将衣片归烫后的胖势推向中间所需部位。如西服前片中将各方向归烫出现的松势都推向前胸中心位置，形成凸起的胸部，西裤后片臀部周围归烫的松势都推向臀部等。

六、起烫

衣料表面出现水花、亮光、烙印或绒毛倒伏时，先在衣料上盖一块较湿的水布，再用熨斗轻轻熨烫。注意不要用力压，使水蒸气充分渗入衣料，并反复移动熨斗，使织物纤维恢复原状，达到除去水花、亮光、烙印和绒毛倒伏现象的目的。

图1-9-4　弧形扣烫　　　图1-9-5　圆形扣烫　　　图1-9-6　归烫　　　图1-9-7　拔烫

思考与练习

1. 衣料在使用前为什么要熨烫？
2. 拔烫分缝的特点是什么？
3. 什么是推、归、拔？三者有什么区别？
4. 练习推、归、拔熨烫手法。

第十节　粘合衬的熨烫工艺

目前在大多数服装中，粘合衬已逐步取代了传统的毛、麻、棉等衬布，成为服装的主要衬料。优质的粘合衬能使服装具有轻、薄、软、挺、易洗、造型性能好的优点，而且还有使用方便、简化工艺等优点。由于粘合衬的广泛应用，如衣领、袖头、腰头，袋位等部位，其在服装缝制工艺中的使用，对服装的质量起着关键作用。

一、粘合衬的选用

选择服装用粘合衬时要注意以下几个方面，即粘合衬与面料的厚薄相适宜，与面料的色泽相配，与面料的耐热性相适宜，与面料的缩水率相近，与面料的风格、手感相符，与面料的价值相当等。

二、粘合衬粘合的三要素

正确的温度、压力和时间是保证粘合质量的重要因素，否则就会出现脱胶、起泡等严重的质量问题。

1. 粘合温度

正确掌握粘合温度，才能取得最佳的粘合效果，温度太高会造成热熔树脂胶熔融流失，或渗透织物程度过大，粘合强度下降。温度太低，则不会发生热熔粘合。

2. 粘合压力

在热熔过程中，适当的压力可以使面料与粘合衬之间有紧密的接触，使热熔树脂能够均匀地渗入面料纤维中。

3. 粘合时间

温度和压力都需要在合理的时间作用下才能对粘合衬上的热熔树脂胶发挥作用。

三、粘合衬熨烫的基本要领

（1）粘合衬与衣片在粘合的过程中会有热缩的现象，尤其是缩率大的面料，裁剪时衣片尺寸的四周应略放大1cm左右。

（2）毛样粘合衬裁片的四周应略小于衣片0.3~0.4cm，防止粘合衬超出衣片粘在粘合机上或台布上，使粘合机送布不畅，严重的会使衣片产生无法处理的皱褶和不易去除的污渍。

（3）粘衬前，衣片的位置一定要摆正，尤其是一些轻薄的衣料，要防止粘衬后衣片变形。

（4）粘合温度根据各类粘合衬上的热熔胶熔点不同，一般掌握在110~140℃之间，毛料、厚料温度略高，混纺薄料温度略低。

（5）熨烫时不要将熨斗在衣料上来回移动，要用力垂直向下压烫，在所压烫的部位停留5~10秒，也可根据面料与粘合衬的情况而定。

（6）粘衬时要有序，以防漏烫，注意熨斗底部蒸汽眼没有烫到的地方。

（7）粘衬时，熨斗走向可以从一端走向另一端，粘合面积较大时，应持熨斗从中间开始依次向四周粘合，不能由两端向中间粘合，以免产生四周固定，中间与衬大小不符的问题。

（8）若粘合衬粘错而要揭掉时，使用熨斗重新在粘合的部位熨烫一遍，趁热将衬揭下，面积较大时可一边熨烫一边剥离。

> **思考与练习**
>
> 1. 粘合衬的作用是什么？
> 2. 怎样选用粘合衬？
> 3. 粘合衬粘合的三要素是什么？
> 4. 粘合衬熨烫的基本要领有哪些？

第二章

贴袋缝制工艺

　　贴袋即直接贴缝在衣片表面的口袋，形状和可采用的装饰手法很多，服装上的口袋既有装饰性，也有实用性，在服装款式的变化中，口袋的变化不可忽视，口袋造型装饰了服装的款式，增添了审美情趣。

第一节　尖角贴袋缝制工艺

一、尖角贴袋款式图

视频2-1-1
尖角贴袋1

　　袋底为尖角形状，正面沿止口缉0.1cm的明线，该贴袋在男士衬衫、裤类服装中应用较多，如图2-1-1所示。

二、准备材料

1. 口袋样板

　　口袋样板也就是口袋的净尺寸，袋口大与胸围有关，一般为11cm左右，长为袋口大+2cm。

2. 袋布

　　采用直丝道，根据样板在袋口处放缝4cm，其余三边放缝0.8~1cm。

视频2-1-2
尖角贴袋2

三、制作步骤

1. 烫袋

　　根据样板烫袋布，袋口处折转一次，袋口边缝不可虚空，一周要烫平、烫实，尖角处左右要对称，如图2-1-2所示。

2. 缉袋口

　　袋口处沿烫折边缘缉0.1cm的明线。缉线要顺直、无弯曲现象，上下线松紧要一致。为了使完成后的贴袋袋角处整齐、无毛出现象，缉线时袋口两端的缝头要伸平一起缉线，如图2-1-3所示。

图2-1-1　尖角贴袋款式图

图2-1-2　烫袋

图2-1-3　缉袋口

3. 贴袋

在衣片的正面袋位处做好标记，钉袋高低和进出必须按要求盖没钻眼0.3cm，位置要放正，不歪斜，条格要对齐，从右起针，沿着口袋的边缘缉0.1cm的明线，缝袋口为直角三角形，宽为0.5cm，长以贴边宽为准，左手按住袋布，右手稍微把大身拉紧，左右封口相等，缉线整齐、顺直，如图2-1-4所示。

四、尖角贴袋工艺要点

袋口处三角左右对称；明缉线均匀、整齐；完成后的贴袋与样板大小一致。

（1）　　　　　　　（2）　　　　　　　（3）

图2-1-4　贴袋

思考与练习

1. 怎样使完成后的贴袋与样板大小相符？
2. 贴袋袋口的做法是什么？
3. 试以尖角贴袋的缝制方法为依据进行设计训练。

第二节　有袋盖圆角贴袋缝制工艺

视频2-2-1　有袋盖圆角贴袋1

一、有袋盖圆角贴袋款式图

袋盖的形状与袋底一致，为圆角的形式，该款式贴袋在童装、男女休闲装中应用较多，如图2-2-1所示。

二、准备材料

1. 袋盖布

采用直丝道，一周根据样板放缝0.8~1cm，如图2-2-2所示。

2. 袋布

采用直丝道，袋口处放缝2.5~3cm，其余三边根据样板放缝0.8~1cm，如图2-2-3所示。

3. 袋、袋盖样板

采用卡纸制作袋、袋盖样板，规格尺寸要结合结构制图。

三、制作步骤

视频2-2-2　有袋盖圆角贴袋2

1. 烫袋

在熨烫前也可先用缝纫机在圆角周围长针脚车缉一道，或用手缝针以拱针法缝一道，然后把线抽紧，使圆角处收拢，缝头自然折转。之后根据样板烫袋，袋底处要烫圆顺，不可有褶裥现象，如图2-2-4所示。

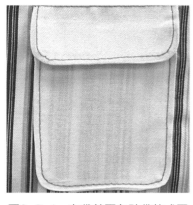

图2-2-1　有袋盖圆角贴袋款式图

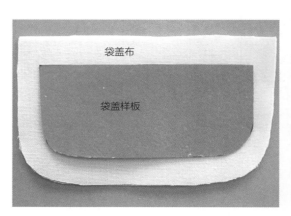

图2-2-2　袋盖布

图2-2-3　袋布

2．绱袋盖

在袋盖的反面按照样板画样，之后将袋盖正面相对绱线，绱袋盖时注意圆角处要圆顺，面稍松，使之产生自然的窝势。为了使袋盖伏贴，圆角处圆顺，袋盖的正面不出现烫痕，要修剪袋盖缝头，留0.3～0.5cm宽，如图2-2-5所示。

3．烫袋盖

将修剪后的缝头倒向袋盖面烫平，之后将袋盖翻到正面放在布馒头上烫出窝势，面比里多出0.1cm坐势，并沿止口绱0.4cm的明线，如图2-2-6所示。

4．绱袋口明线

将贴边毛边向内折光，折入的宽度为0.5cm左右，之后沿边缘绱0.1cm的缝，卷边宽2cm。

5．贴袋

在衣片的正面袋位处做好标记，钉袋高低和进出必须按要求盖没钻眼0.3cm，位置要放正、不歪斜，条格要对齐，从右起针，沿着口袋的边缘绱0.4cm的明线，线迹要整齐、均匀，如图2-2-7所示。

视频2-2-3　有袋盖圆角贴袋3

视频2-2-4　有袋盖圆角贴袋4

（1）
（2）
图2-2-4　烫袋

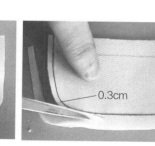
（1）　　（2）
图2-2-5　绱袋盖

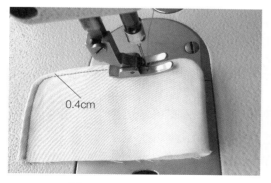
图2-2-6　止口绱明线

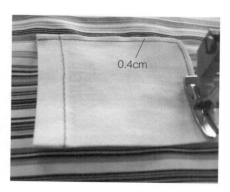
图2-2-7　贴袋

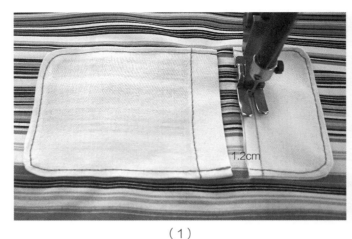
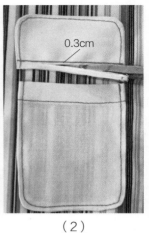

（1） （2）

图2-2-8 绱袋盖

6. 绱袋盖

将袋盖的反面朝上根据袋位缉袋盖，缉袋盖时要注意缉线离袋口1.2cm左右，衣片不可有褶皱现象。为了避免在袋盖的反面出现毛茬，需要修剪袋盖上口缝头，留0.3cm，如图2-2-8所示。

7. 缉袋盖上口明线

图2-2-9 缉袋盖上口明线

将袋盖向下折转摆正，沿袋盖的上口缉0.4cm的明线，起止针要打回针，回针时不可出现双轨线现象，如图2-2-9所示。

四、带有袋盖的圆角贴袋工艺要点

袋盖、袋圆角比例合适、大小适宜；有窝势、坐势；明缉线宽窄一致，线迹均匀；袋盖与袋位置正确，不偏不斜。

思考与练习

1. 做袋盖时，怎样使袋角不外翘？
2. 绱袋盖时，为什么缉线离袋口要有一段距离？
3. 绱袋盖上口明线时，为什么要修剪缝头？
4. 有袋盖的圆角贴袋工艺要求有哪些？
5. 试以袋盖圆角贴袋的缝制方法为依据进行设计训练。

第三节　活络贴袋缝制工艺

一、活络贴袋款式图

视频2-3-1
活络贴袋1

活络贴袋为袋口与衣片固定、袋身与衣片分离的形式，该贴袋在童装中应用较多，如图2-3-1所示。

二、准备材料

1. 袋净样、袋布

视频2-3-2
活络贴袋2

采用薄、硬型卡纸制作，规格尺寸要结合结构制图，如图2-3-2所示。

2. 袋盖样板、袋盖布

根据袋盖样板一周放缝1cm，采用直丝道，如图2-3-3所示。

三、制作步骤

1. 缉袋盖

将袋盖布的正面与正面相对，按照样板的大小缝合袋盖，缝头为0.8~1cm，如图2-3-4所示。之后将袋盖翻到正面烫平，沿止口缉0.1cm的明线，袋角处要方正、不外翘。

2. 缉袋

视频2-3-3
活络贴袋3

（1）将贴边毛边向内折光，折入的宽度为0.5cm左右，袋口卷边宽1cm，之后沿边缘缉0.1cm的明线，如图2-3-5（1）所示。

图2-3-1　活络贴袋款式图

图2-3-2　袋净样、袋布

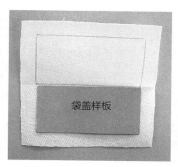

图2-3-3　袋盖样板、袋盖布

图2-3-4　缉袋盖

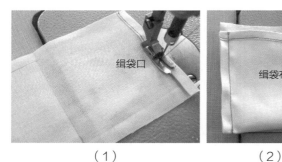
（1）

（2）

图2-3-5　缉袋

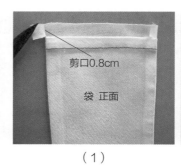
（1）

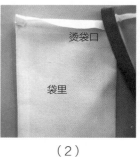
（2）

图2-3-6　烫袋口

（2）将袋布正面与正面相对，缉合袋布两侧，缉线宽为1cm，注意起止针要打来回针，如图2-3-5（2）所示。

3. 烫袋口

将袋布翻到正面烫平，袋口处根据缝头的宽度打一剪口，如图2-3-6（1）所示，之后把缝头烫到反面，如图2-3-6（2）所示，袋角处不可有毛出现象。

4. 缉袋布明线

在袋布的正面沿边缘缉0.1cm的明线，线迹要整齐、均匀，不可有漏缉现象；注意在袋口处袋布的里比面要多出0.1cm，如图2-3-7所示。

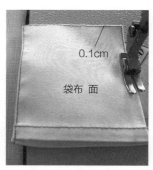

图2-3-7　缉袋布明线

5. 贴袋

在衣片的正面袋位处做好标记，钉袋高低和进出必须按要求盖没钻眼0.3cm，位置要放正，不歪斜，条格要对齐，将袋口与衣片缉牢，缝头为0.1cm，如图2-3-8（1）所示。完成后袋口处面与里不要缉在一起，如图2-3-8（2）所示。

（1）

（2）

图2-3-8　贴袋

6. 缉袋盖

（1）将袋盖的反面朝上，根据袋位、样板的大小缉袋盖，缉线离贴袋袋口1.2cm，如图2-3-9（1）所示。

（2）为了避免在袋盖的反面出现毛茬，要修剪袋盖缝头，留0.3cm宽，如图2-3-9（2）所示。

（3）将袋盖向下折转，在袋盖的上口缉明线，明线宽为0.4cm，线迹要整齐、美观，起落手回针缉牢，如图2-3-9（3）所示。

四、活络贴袋工艺要点

袋、袋盖位置正确，不偏不斜；明缉线每3cm针距11～13针，要均匀、整齐；袋盖与袋身比例合适。

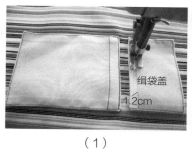 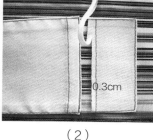 

（1）　　　　　　　　　（2）　　　　　　　　　（3）

图2-3-9　缉袋盖

思考与练习

1. 活络贴袋的特点有哪些？

2. 做袋盖时，怎样使袋角不外翘？

3. 试以活络贴袋的缝制方法为依据进行设计训练。

第四节　胖体袋缝制工艺

视频2-4-1　胖体袋

一、胖体袋款式图

胖体袋为半立体的形式，袋角方正，袋盖角为圆形，在袋盖的中间位置锁纽眼、钉纽扣，可增加实用性，常用在中山装上，如图2-4-1所示。

二、准备材料

1. 贴袋、袋盖净样板

贴袋、袋盖样板为工艺样板，结合服装结构为净尺寸；采用较薄、较硬的卡纸。剪样板时直线要直，弧线要圆顺。

2. 袋布、袋盖

（1）袋布，采用直丝道，根据大袋样板在袋口处放缝3cm，其余三边放缝2.5cm，如图2-4-2所示。

（2）袋盖，袋盖面、里各一片，采用直丝道，根据袋盖样板一周放缝1cm，如图2-4-3所示。

三、制作步骤

1. 烫袋

（1）根据样板烫袋口，袋口处贴边毛边向内折光，折入的宽度为0.5cm左右，袋口卷边宽2.5cm，要烫实如图2-4-4（1）所示。

（2）袋底的烫法，如图2-4-4（2）所示，在袋底处要烫出对角线。

图2-4-1　胖体袋款式图

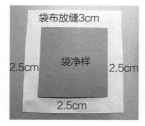

图2-4-2　袋布

图2-4-3　袋盖布、袋盖样板

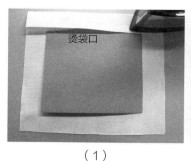
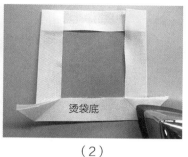

（1）　　　　　　　　　（2）

图2-4-4　烫袋

2. 缉袋口

对于较薄的面料袋口采用卷边的形式，若选用较厚的面料，袋口处利用里子布包边，折边烫平后用三角针扦边，注意要在袋口处加纽扣垫布，如图2-4-5所示。

3. 缉、烫袋底

（1）沿着烫折线，将袋底的尖角修剪掉，留缝头0.3~0.5cm，如图2-4-6（1）所示。

（2）将袋布的正面与正面相对，按照预留的缝头大小、沿着烫出的对角线缉线，如图2-4-6（2）所示。

（3）将缝头分开缝烫平，袋角处不可有外翘现象，大小要符合样板规格，如图2-4-6（3）所示。

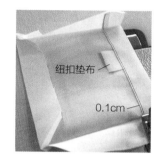

图2-4-5　缉袋口

4. 缉袋布

采用暗缝缉袋，缝头为1cm，为了使袋布伏贴、位置准确、不歪不斜，可先用手针将大袋与衣片固定，如图2-4-7所示。

5. 封袋口

将贴袋摆正，袋口松紧适宜，在口袋的正面缉明线，缉线的宽窄、长短要结合袋的大小、形状灵活选择，如图2-4-8所示。

（1）　　　　　　　　　（2）　　　　　　　　　（3）

图2-4-6　缉、烫袋底

6. 缉袋盖

（1）先将袋盖料的正面与正面相对，按照袋盖净样板缉线，圆角处注意袋盖面要有松量，之后将袋盖翻到正面烫出窝势，并沿止口缉0.4cm的明线。

图2-4-7　缉袋布　　　　　　图2-4-8　封袋口

（2）根据大袋的位置将袋盖摆正，离袋口1.2cm处缉线，最后修剪袋盖的缝头，留缝头0.3cm，如图2-4-9（1）所示。

（3）将袋盖向下折转，沿袋盖的上口缉0.4cm的明线，缉线宽窄要一致，袋盖不歪斜，如图2-4-9（2）所示。

（4）完成后的口袋要整齐，在袋盖的反面不可有毛出现象，如图2-4-9（3）所示。

7. 锁眼、钉扣

扣与眼的位置要正确，扣与眼相对，整齐牢固。

四、胖体袋工艺要点

袋盖与袋位置正确；大袋袋角伏贴、整齐、不外翻；明缉线上下线松紧适宜，顺直、无弯曲现象。

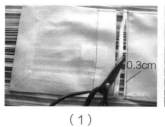  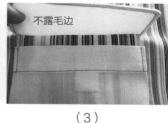

（1）　　　　　　　　（2）　　　　　　　　（3）

图2-4-9　缉袋盖

思考与练习

1. 胖体袋的特点有哪些？
2. 做袋盖、袋角时，怎样使袋角不外翘？
3. 试以胖体袋的缝制方法为依据进行设计训练。

第五节 立体袋缝制工艺

一、立体袋款式图

立体袋是袋与衣片的中间加一贴边，呈立体、手风琴的形式，如图2-5-1所示。在童装、女装中应用较多。

视频2-5-1 立体袋1

二、准备材料

1. 贴边熨烫定形板

采用薄、硬型卡纸，规格尺寸要结合结构制图，宽2cm左右。

视频2-5-2 立体袋2

2. 贴边

采用直丝道，宽3cm左右，按照贴边熨烫定型板两侧放缝0.8~1cm；长参考口袋净样板，为口袋净长×2+宽+缝头。

3. 袋布

采用直丝道，在袋口处放缝3cm，其余三边放缝1cm，如图2-5-2所示。

三、制作步骤

1. 烫袋、烫贴边

（1）烫袋，根据口袋净样板将口袋一周缝头烫到反面，要烫实，在袋布与样板之间不可有空、虚的现象，烫出的袋布与净样板的大小要一致，如图2-5-3所示。

（2）烫贴边，根据贴边净样板将贴边两侧缝头烫到反面，如图2-5-4所示。

2. 缉袋口、贴边

（1）缉袋口，将袋口毛边向内折光，折入的宽度为0.5cm左右，明缉线离止口

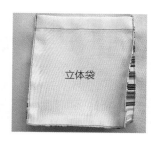

图2-5-1 立体袋款式图

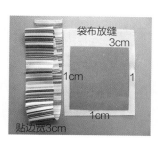

图2-5-2 袋布

图2-5-3 烫袋

图2-5-4 烫贴边

1.5～2cm，缉线要整齐、均匀，尽量不要出现断线现象，如图2-5-5所示。

（2）缉贴边，缉贴边两端，方法同缉袋口，如图2-5-6所示。

3. 缉合袋身与贴边

（1）将贴边与衣身的反面相对，袋与贴边上、下层对齐，采用平缝的手法，沿着止口缉明线，缉线宽为0.1cm，如图2-5-7（1）所示。

（2）在衣片的正面袋位处，将贴边与袋位对照，沿着贴边的边缘缉合贴边与衣片，明线宽为0.1cm，注意口袋的拐角处要方正，如图2-5-7（2）所示。

4. 封袋口

将袋、贴边放正，在袋口处缉线2～3道，长为折边宽，线迹的形式要结合衣服的款式、口袋的形状灵活选择，如图2-5-8所示。

四、立体袋工艺要点

袋的位置要正确，不偏不斜；明缉线宽窄一致，无落针现象；贴边宽窄均匀；完成后的口袋与样板大小一致。

图2-5-5　缉袋口

图2-5-6　缉贴边

（1）　　　　　　（2）

图2-5-7　缉合袋身与贴边

图2-5-8　封袋口

思考与练习

1. 立体袋的特点是什么？
2. 简述立体袋的制作步骤。
3. 试以立体袋的缝制方法为依据进行设计训练。

第六节　单嵌线暗贴袋缝制工艺

一、单嵌线暗贴袋款式图

单嵌线暗贴袋的袋口是单嵌线的形式，袋布在衣片的反面，为暗贴袋的形式，该款贴袋在女装、男士及儿童休闲装中应用较多，如图2-6-1所示。

视频2-6-1　单嵌线暗贴袋1

二、准备材料

1. 贴袋净样板

结合服装结构制图，长12cm左右，宽10cm左右为净尺寸；采用卡纸，缉口袋明线时使用。

视频2-6-2　单嵌线暗贴袋2

2. 袋布

采用直丝道，选用的确良、美丽绸等较薄的面料，按照袋净样板一周放缝2cm。

3. 嵌线用布（嵌线料）

采用直丝道，用料同衣片，毛长为袋口大+3cm；毛宽4cm。

4. 垫袋布

采用直丝道，用料同衣片，长为袋口大+3cm；宽5cm左右，如图2-6-2所示。

三、制作步骤

1. 烫嵌线

在嵌线用布的反面粘衬，并将其对折烫平，之后在反面画出口袋的大小、嵌线的净宽，如图2-6-3所示。

图2-6-1　单嵌线暗贴袋款式图

图2-6-2　嵌线用布及垫袋布

图2-6-3　烫嵌线

2. 缉嵌线

在衣片的正面，将嵌线料的反面朝上，根据画好的粉线缉线（第一条缉线），距嵌线双折线1cm，该宽度为嵌线净宽，起落针时要回针，缉线要顺直，如图2-6-4所示。

3. 缉垫袋布

（1）将垫袋布的反面朝上与衣片缝合，缉线距第一条缉线1cm，两条缉线的长短要一致，起止针缉来回针，避免袋口毛出，如图2-6-5（1）所示。

（2）在两缉线的中间将衣片剪开，开剪要直，离袋口大1cm处剪成"Y"形，注意不要剪断缉线也不要离缉线太远，剪断缉线袋口容易毛出，离缉线太远，袋角处容易不伏贴、起疙瘩，如图2-6-5（2）所示。

4. 烫嵌线

将嵌线布、垫袋布翻到反面烫平，在衣片的正面烫出宽1cm的嵌线。袋口的松紧要适宜，袋角要方正，不可有毛出现象，如图2-6-6所示。

5. 缉袋布

（1）将袋布放在衣片的反面，位置摆正，松紧适宜，用手针暂时固定，如图2-6-7（1）所示。

（2）将袋布的上口与嵌线料缝头缉合，缝头为0.8~1cm宽，注意不要缉着衣片，如图2-6-7（2）所示。

6. 缉明线

在衣片的正面按照贴袋净样板画样，缉明线固定衣身与袋布，衣片与袋布的松紧要适宜，针迹要整齐、均匀，如图2-6-8所示。

7. 封三角

将袋布放平，衣片向上掀起，袋口三角摆正，缉线2~3道封三角，增加牢固度防止袋角毛出，如图2-6-9所示。

四、单嵌线暗贴袋工艺要点

嵌线宽窄一致，袋角方正、无毛出现象；衣片的正面明缉线与贴袋样板大小一致；袋布要伏贴、无起链现象。

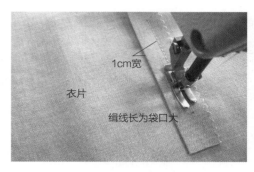

图2-6-4　缉嵌线

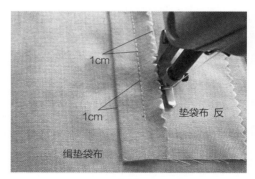

（1）

（2）

图2-6-5　缉垫袋布

图2-6-6　烫嵌线

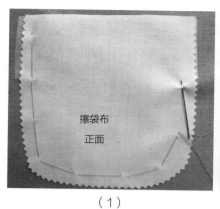

（1）   （2）

图2-6-7 缉袋布

图2-6-8 缉明线   图2-6-9 封三角

思考与练习

1. 单嵌线暗贴袋的款式特点有哪些？

2. 简述单嵌线暗贴袋与单嵌线开袋的异同。

3. 试以单嵌线暗贴袋的缝制方法为依据进行设计训练。

第七节　有褶裥贴袋缝制工艺

视频2-7-1　有褶
裥贴袋1

视频2-7-2　有褶
裥贴袋2

一、有褶裥贴袋款式图

有褶裥贴袋是指贴袋的中间加有褶裥，裥量根据贴袋的款式、大小而定，如图2-7-1所示，该贴袋在职业装、男女休闲装、童装上应用较多。

二、准备材料

1. 袋布

袋布采用直丝道，按照口袋样板加放裥量，裥的大小一般为6~8cm，袋布一周放缝1cm，如图2-7-2所示。

2. 袋口贴边

采用直丝道，长为袋口大+2cm；净宽为2.5~3cm，毛宽为4.5~5cm，根据贴边净样板放缝1cm，如图2-7-3所示。

三、制作步骤

1. 缉裥

将袋布正面相对，对折放平，根据褶裥的大小缉线（裥的大小一般为6~8cm），缉线长2cm，要注意起止针打来回针，如图2-7-4所示。

2. 烫袋

先将褶裥对折烫平，左右对称，裥宽上下一致，之后按照样板将缝头折转到袋布反面，袋角处要方正，符合样板的形状，如图2-7-5所示。

图2-7-1　有褶裥贴袋
款式图

图2-7-2　袋布

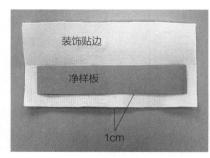

图2-7-3　袋口贴边

图2-7-4　缉裥

3. 烫贴边

利用熨烫定型板把贴边烫平，上口处贴边毛边向内折光，折入的宽度为0.5cm左右，贴边净宽为2.5cm左右，下口留0.8～1cm的缝头，如图2-7-6所示。

4. 缉贴边

（1）先将贴边里的正面与袋布的反面相对，沿着烫折线缉线，宽0.8～1cm，如图2-7-7（1）所示。

（2）将贴边翻转到正面，沿着止口缉0.4cm的明线，要注意起止针的位置，袋口两端的缝头放平，如图2-7-7（2）所示。

5. 贴袋

在衣片的正面袋位处把口袋摆正，沿着口袋的边缘缉0.4cm的明线。缉线时左手按住袋布，右手稍微把大身拉紧，缉线整齐、顺直，起止针回针缉牢，如图2-7-8所示。

四、有褶裥贴袋工艺要点

褶裥宽度均匀；袋布伏贴，袋口松紧要适宜，与样板大小相符；明缉线顺直、美观，针距大小一致。

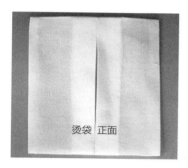

图2-7-5 烫袋

图2-7-6 烫贴边

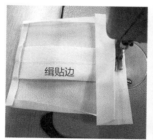
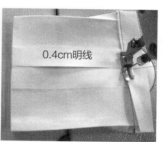

（1）　　　　　　（2）

图2-7-7 缉贴边

图2-7-8 贴袋

思考与练习

1. 有褶裥贴袋的款式特点是什么？
2. 简述有褶裥贴袋的制作步骤。
3. 试以有褶裥贴袋的缝制方法为依据进行设计训练。

第三章

插袋缝制工艺

插袋又称侧袋，分为边插袋和斜插袋两种。位于前后衣片、前后裙片之间的口袋一般称为边插袋，袋处在侧缝上，衣片不需要剪开，里面内衬由两层袋布缝制而成；另一种是在前衣片上，以斜形或弧形剪开，由两层袋布缝制，一般称为斜插袋或弧形插袋。边插袋和斜插袋具有较强的使用性、装饰性，缝制工艺上有所不同。

第一节　直插袋缝制工艺

视频3-1-1
直插袋1

一、直插袋款式图

插袋安装在衣缝中，衣片不需要剪开，不影响衣服的整体效果，如图3-1-1所示，该款在男、女裤、上衣中应用较多。

图3-1-1　直插袋款式图

二、准备材料

1. 袋布

视频3-1-2
直插袋2

采用直丝道，长30cm左右，宽30cm左右（15cm×2），袋布上端宽13cm×2，以折叠线为准分出大小片，相差1cm，如图3-1-2所示。

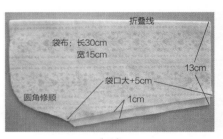

（1）

2. 垫袋布

视频3-1-3
直插袋3

用料同裤料，长参考袋口大，约20～22cm，上宽4cm，下宽3.5cm，采用直丝道，如图3-1-3所示。

（2）

图3-1-2　袋布

三、制作步骤

1. 缉垫袋布

将垫袋布的正面朝上，缉在袋布的大半片上，外侧边缘与袋布对齐一起锁边，里侧与袋布缝合固定。

2. 缉袋底

（1）将袋布的正面与正面相对缉合袋底，缝头为0.8cm，如图3-1-4（1）所示。

图3-1-3　垫袋布

（2）将袋布翻到正面烫平，在袋底沿止口正缉明线0.1cm，要注意止针位置，留出1cm不缉牢，袋底缉合后袋布同样分出大小片，如图3-1-4（2）所示。

四、安装步骤

1. 缝合侧缝

（1）先在前裤片侧缝处确定袋位，袋口离腰头3.5cm，袋口大15cm左右，如图3-1-5（1）所示。

（2）将前后裤片正面叠合平缝侧缝，缝头为1cm，根据袋位留出袋口大。注意下段起针时要比垫袋布长出1.5cm，以防止口袋下端露出；之后将侧缝分

开缝烫平，如图3-1-5（2）所示。

2. 安装袋布

（1）将袋布小半片的反面朝上与前裤片搭缝。要注意口袋的下端袋布要放平，如图3-1-6所示。

（搭缝：两衣片相搭1cm，正中缉0.5cm的明线。）

（2）将袋口摆平，前、后裤片分开放好，袋布倒向前片，在前裤片的袋口处缉0.8cm的明线，缉线长为袋口大，反面不可缉着袋布大半片。要求缉线顺直，宽窄一致，如图3-1-7所示。

（3）将前、后裤片及袋布倒向一侧，袋布的大半片与后裤片缝合，缝头为1cm，注意袋布要伏贴，如

（1）

（2）

图3-1-4 缉袋底

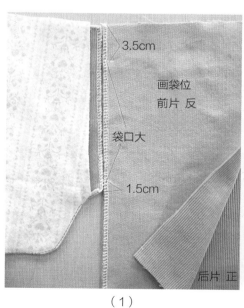
（1）

（2）

图3-1-5 缝合侧缝

图3-1-8（1）所示。最后将前、后裤片摆正，按照口袋的大小封袋口，缉线2~3道为叠线，缉线长为明线宽，斜度为45°，如图3-1-8（2）所示。

五、直插袋工艺要点

袋口伏贴，左右高低一致；明线宽窄均匀、整齐、美观；袋布上下层无链形。

图3-1-6　安装袋布　　　图3-1-7　缉袋口明线

（1）　　　　　　　　（2）

图3-1-8　封袋口

思考与练习

1. 直插袋的款式特点、用途有哪些？
2. 安装插袋时，怎样使袋口伏贴？
3. 简述直插袋的安装步骤。
4. 练习直插袋的制作、安装方法。

第二节　斜插袋缝制工艺

一、斜插袋款式图

　　斜插袋是在直插袋的基础上进行变化，袋口为斜形，如图3-2-1所示，该款插袋在男裤上应用较多。

视频3-2-1
斜插袋1

二、准备材料

1. 袋布

　　采用直丝道，尺寸和直插袋相似，注意袋布小半片袋口的形状与前裤片要一致，如图3-2-2所示。

视频3-2-2
斜插袋2

2. 垫袋布

　　采用直丝道，用料同裤料，垫袋布的下端要比袋口斜线长出1.5cm，如图3-2-3所示。

三、制作步骤

1. 缉垫袋布

　　将垫袋布的正面朝上，缉在袋布大半片的反面，斜边要对齐，垫袋布要伏贴，如图3-2-4所示。

2. 缉袋口

　　将袋布小半片的反面与前裤片正面相对平缝，缝头为0.6cm（注：在平缝之前，也可在前裤片袋口处加0.3cm嵌线作装饰）；之后将袋布翻到前裤片的反面摆平，在前裤片正面袋口处缉0.4cm的明线，长按照袋口大，如图3-2-5所示。要求缉线顺直、宽窄一致、无跳线、浮线现象。

图3-2-1　斜插袋款式图　　　　图3-2-2　袋布　　　　图3-2-3　垫袋布　　　　图3-2-4　缉垫袋布

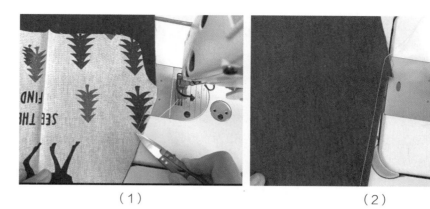

（1）　　　　　　　　　　　　　　（2）

图3-2-5　缉袋口

3. 缉袋底、固定袋口

（1）将袋布的正面与正面相对缉袋底，缝头为1cm。

（2）把袋布翻到正面对折摆正，在前裤片袋口下端打0.8cm深的剪口，使侧缝与垫袋布连接顺直，之后将袋口上端固定，将侧缝与垫袋布一起锁边，如图3-2-6所示。

4. 缝合侧缝

将前后裤片上下层比齐缝合侧缝，缝头为1cm，起止针时要打来回针，缉线要顺直，如图3-2-7所示。

5. 封袋口

将袋布的上下层摆正，根据袋口的大小在前裤片的正面缉明线2~3道封袋口，缉线长为0.4cm，线迹为叠线，不可出现双轨线现象，如图3-2-8所示。侧缝缝头锁边，缝头倒向后裤片，缉侧缝明线，明线的宽度可根据款式灵活选择。

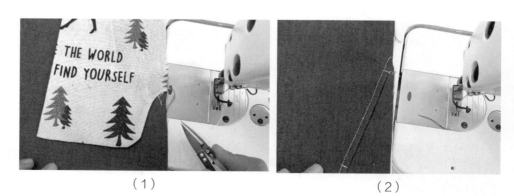

（1）　　　　　　　　　　　　　　（2）

图3-2-6　缉袋底、固定袋口

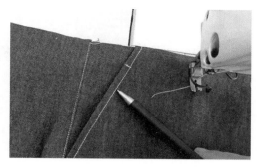

| 图3-2-7　缝合侧缝 | 图3-2-8　封袋口 |

四、斜插袋工艺要点

袋布的正反面要伏贴；袋口松紧适宜，左右对称，互差不大于0.2cm；袋口明缉线整齐、均匀。

思考与练习

1. 斜插袋的款式特点、用途有哪些？
2. 简述斜插袋的安装步骤。
3. 练习斜插袋的制作、安装方法。

第三节　有里襟直插袋缝制工艺

一、有里襟直插袋款式图

和一般侧袋比起来有里襟直插袋多一个里襟，垫袋布代替门襟，缝制方法和直插袋基本相同，如图3-3-1所示，该插袋在女裙、女裤中应用较多。

里襟：钉扣的一边称为里襟。

门襟：锁眼的一边称为门襟。

二、准备材料

1. 袋布

采用直丝道，制作方法与一般直插袋相同，在制作时袋布要分出大小片，如图3-3-2所示。

2. 垫袋布、里襟

垫袋布采用直丝道，用料同裤料，长参考袋口大，约20～22cm，上宽4cm，下宽3.5cm。里襟采用直丝道，用料同裤片，长为22cm左右；宽6～7cm。要注意袋布袋口斜边、垫袋布、里襟三者之间的长短，如图3-3-3所示。

三、制作步骤

1. 缉袋布

（1）将袋布大半片的正面与垫袋布的正面相对缉合，缝头为1cm，如图3-3-4（1）所示。

（2）将垫袋布翻到袋布反面烫平，沿止口缉0.1cm明线，如图3-3-4（2）所示；

图3-3-1　有里襟直
插袋款式图

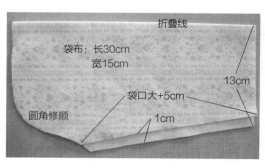

图3-3-2　袋布

图3-3-3　垫袋布、里襟

（1）

（2）

（3）

（4）

图3-3-4　缉袋布

再将垫袋布的另一边与袋布固定，缝头为0.5cm，注意垫袋布与袋布要伏贴，松紧要一致。

（3）缉袋底，先将袋布正面与正面相对缉合袋底，缉线宽0.8cm，要注意止针位置，止针处留出1cm不缉牢，如图3-3-4（3）所示。之后将袋布翻到正面，在袋底处缉0.1cm的明线，止针位置同上，如图3-3-4（4）所示。

（注意：袋布在裁剪时以中心线为准分大小片，大片比小片宽出1cm，但缝制结束后不分大小片，中心线两边左右对称。）

2. 缝合侧缝

将前后裤片正面相对缝合侧缝，缝头为0.8～1cm，袋位以下部位全部缉合，袋口大及袋口以上部位（3.5cm）留出，之后将缝头分开缝烫平，如图3-3-5所示。

3. 装袋

（1）将袋布大半片掀起，把袋布小半片的反面朝上与前裤片搭缝，如图3-3-6（1）所示。

（2）在前裤片的正面沿袋口缉0.8cm的明线，明线的宽窄要一致，起止针打来回针，回针时不能出现双轨线，不能缉着后片与里襟，如图3-3-6（2）所示。

（3）将袋布对折与前裤片对齐，离腰口3.5cm处缉2～3道封袋口；然后把袋位下端的袋布、前裤片摆平、对齐缉牢，如图3-3-6（3）所示。

图3-3-5　缝合侧缝

（1）

（2）
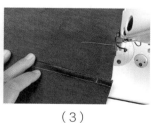
（3）

图3-3-6　装袋

4. 缉里襟

先将里襟对折烫平，在止口处锁边，之后将里襟放在后裤片袋口处的下层，沿着后裤片袋口缉0.1cm的明线，止针位置在袋口的下端，如图3-3-7所示。

5. 锁眼、钉扣

纽眼为平头眼，按照纽扣的直径略放0.1cm，与扣的位置要对准，用细线钉扣每孔不少于8根线，用粗线钉扣每孔不少于4根线，如图3-3-8所示。

四、有里襟直插袋工艺要点

里襟不能短于袋口大；袋口处松紧要适宜；扣与眼位置要准确；袋口大符合规格要求。

图3-3-7　缉里襟　　　　　　　　　图3-3-8　锁眼、钉扣

思考与练习

1. 有里襟直插袋的款式特点、用途有哪些？
2. 简述有里襟直插袋的安装步骤。
3. 练习有里襟直插袋的制作、安装方法。

第四节　弧形插袋缝制工艺

一、弧形插袋款式图

　　弧形插袋的袋口形状为弧线形，缝制方法和斜插袋基本相同，只需注意袋口工艺的处理，该插袋在休闲女裤、牛仔裤上应用较多，如图3-4-1所示。

视频3-4-1
弧形插袋1

二、准备材料

1．袋布

　　采用直丝道，长25cm左右，宽32cm左右。袋布小半片袋口的弧线形状与前裤片要一致，如图3-4-2所示。

视频3-4-2
弧形插袋2

2．垫袋布

　　用料与裤料相同，大小参考袋口弧度，比袋口弧线宽出2cm左右，如图3-4-3所示。

视频3-4-3
弧形插袋3

三、制作步骤

1．缉垫袋布

　　将垫袋布的下口锁边，正面朝上于袋布的大半片上缉缝，如图3-4-4所示。

2．缝合袋口

　　将袋布的反面与前裤片的正面相对缉合袋口，缝头为0.5cm，注意不要将袋口拉变形，如图3-4-5所示。

3．缉袋口明线

　　（1）将袋布翻到前裤片的反面，袋口处烫平后缉0.4cm的明线，明线的宽度也可根据

图3-4-1　弧形插袋款
　　　　　式图

图3-4-2　袋布

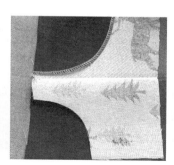

图3-4-3　垫袋布

图3-4-4　缉垫袋布

衣服的款式、袋口的形状自行设计，如图3-4-6所示。

（2）将袋布正面相对，按照0.8cm的缝头绱袋底，之后翻到正面烫平，如图3-4-7所示。

4. 固定袋口

将袋布的正面与正面相对绱袋底，缝头为0.8～1cm；之后把袋布对折摆平，固定口袋的上端，如图3-4-8所示。

5. 缝合侧缝

（1）将前后裤片的正面与正面相对绱合侧缝，缝头为1cm，起止针要打来回针，绱合后将前后裤片侧缝一起锁边。

（2）将侧缝缝头倒向后片，在后裤片侧缝处绱0.4cm的明线，明线的宽度和袋口的宽度要一致，如图3-4-9所示。

四、弧形插袋工艺要点

袋口的松紧要适宜；袋布正、反面要伏贴；明绱线宽窄一致，线迹要均匀。

图3-4-5　缝合袋口

图3-4-6　绱袋口明线

图3-4-7　绱袋底

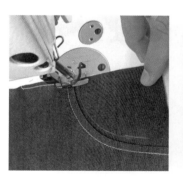

图3-4-8　固定袋口

图3-4-9　缝合侧缝

思考与练习

1. 弧形插袋的款式特点、用途有哪些？
2. 简述弧形插袋的安装步骤。
3. 练习弧形插袋的制作、安装方法。
4. 试以弧形插袋的制作、安装方法为依据进行设计训练。

第五节　带有装饰的插袋缝制工艺

一、带有装饰的插袋款式图

该款插袋在袋口处加有三角形装饰，袋底的形状为弧形，在女装的里袋中应用较多，如图3-5-1所示。

二、准备材料

1. 袋布

采用直丝道，长为28～30cm左右，宽15cm，袋底为弧形。

2. 三角装饰用布

边长为5cm的正方形，数量可根据袋口的大小来定，一般15个左右，如图3-5-2所示。

三、制作步骤

1. 做三角装饰

两次对折形成三角形，再将第一个齿口张开，把第

二个夹进，依次相叠，注意小三角装饰要整齐、美观、均匀，如图3-5-3所示。

2. 缝合衣里、三角装饰、袋布

缝合三者时将三角装饰放在中间，缝头为1cm，缉线长为袋口大。之后在袋口的两端打0.8cm深剪口，将袋布翻到衣里反面，并把袋口烫平，如图3-5-4所示。

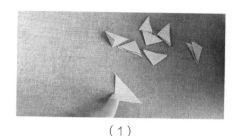

（1）

视频3-5-1
有装饰插袋1

（2）

视频3-5-2
有装饰插袋2

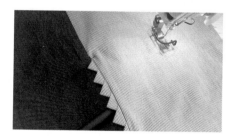

图3-5-1　带有装饰的插袋款式图

（3）

图3-5-3　做三角装饰

图3-5-2　三角装饰用布

图3-5-4　缝合衣里、三角装饰、袋布

3. 缝合挂面、袋布

将挂面的正面与袋布的正面相对缝合，缝头为1cm，缉线长为袋口大。之后在袋口的两端打0.8cm深剪口，并把袋布翻到挂面的反面，袋口处要烫平，袋口处挂面比袋布多出0.1cm，如图3-5-5所示。

4. 缝合挂面与衣里

将挂面与衣里的正面相对缉合，缝头为1cm，起止针时注意袋口要伏贴，松紧要适宜，如图3-5-6所示。之后将袋布上下层摆正缝合，缝头为1cm。

5. 封袋口

在袋口两端缉线两三道封袋口，缉线不可过长，约2～3针，如图3-5-7所示。

图3-5-5　缝合挂面、袋布

四、带有装饰的插袋工艺要求

袋口要伏贴，松紧要一致，大小要适当；小三角装饰要整齐、均匀；熨烫平整，无烫痕。

（1）

（2）

图3-5-6　缝合挂面与衣里

图3-5-7　封袋口

思考与练习

1. 有装饰插袋的款式特点、用途有哪些？
2. 简述带有装饰的插袋的安装步骤。
3. 练习带有装饰的插袋的制作、安装方法。

第四章

开袋缝制工艺

在服装裁片的适当位置剪开袋口并将其缝光，使袋布缝于袋口内部所形成的袋型，称为开袋（挖袋）。开袋具有轻便、简练的特点，适用于各式服装。

开袋的种类较多，如男裤后片的双嵌线开袋，男西服左衣片上的手巾袋，腰节线以下的有袋盖的开袋等，它们处的位置不同，名称也不同，其和贴袋比起来操作难度较大，要求较高。

第一节　开纽眼

一、开纽眼款式图

视频4-1-1
开纽眼1

纽眼的外形为双开线，呈长方形，在女装、男休闲装上应用较多，如图4-1-1所示。

二、制作步骤

开纽眼的眼布有两种：一种是直料；另一种是斜料。如果面料质地疏松，应在眼布的反面粘衬。

1. 画眼

在眼布的反面画眼，眼大小按纽扣直径加0.1～0.2cm，宽为0.6cm，呈长方形，如图4-1-2所示。

视频4-1-2
开纽眼2

2. 缉眼

把眼布放在衣片的正面，上下层眼位标记对准，按画线缉眼，针迹要略密些，每3cm约16～18针，如图4-1-3所示。

3. 剪眼

在缉线中间将眼布与衣片剪开，离眼大约0.3cm处剪成"Y"形，不可剪断缉线，也不能离角太远。因为剪断缉线，四角容易毛出；剪不足，翻出眼布后，四角不伏贴容

图4-1-1　开纽眼款式图

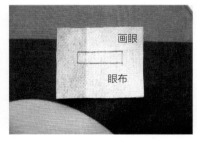

图4-1-2　画眼

图4-1-3　缉眼

易起疙瘩，如图4-1-4所示。

4. 翻烫眼布

翻出眼布，两端要绷紧，将缝头分开缝烫平，如图4-1-5（1）所示，然后按缝头的宽度（0.3cm）烫转眼布，在衣片的正面两眼线宽窄要一致，四角要方正、伏贴，如图4-1-5（2）所示。

5. 封三角、扦眼布

将纽眼小三角与眼布一起缉牢，缉线2~3道，之后利用手针将眼布与衣片缲牢，如图4-1-6所示。

6. 缝合挂面、扦眼布

（1）将挂面与衣片的正面相对，根据所留的缝头缝合止口；

（2）将缝头修剪整齐，留0.6cm左右；

（3）将止口熨烫平整，在眼位周围用大头针固定衣片与挂面；

（4）根据衣片纽眼的位置，在挂面上开眼，开眼的方法同衣片；

（5）在挂面上将纽眼的形状调整好，用手针环针法将挂面与眼布固定牢固，针脚不宜过大，要紧密、牢固。

三、纽眼工艺要点

纽眼外形要方正、整齐；四角无毛出现象；上下眼线宽窄一致。

图4-1-4 剪眼

（1）

（2）

图4-1-5 翻烫眼布

图4-1-6 封三角、扦眼布

思考与练习

1. 简述缉纽眼的注意事项。
2. 简述开纽眼的安装步骤。
3. 练习开纽眼的制作方法。

第二节　双嵌线开袋缝制工艺

视频4-2-1　双嵌线开袋1

一、双嵌线开袋款式图

　　双嵌线开袋的外观呈长方形，为双嵌线的形式，袋口的下边有一垫袋布，如图4-2-1所示。该款开袋在男裤、上衣中应用较多。

二、准备材料

视频4-2-2　双嵌线开袋2

1. 袋布

　　采用直丝道，长为40～42cm，宽为袋口大+5cm（袋口一般为13～16cm）；用料为的确良、塔夫绸等较薄面料。

2. 嵌线用布（嵌线料）

　　长为袋口大+4cm，宽为6cm，用料与衣料相同，采用直丝道，如图4-2-2所示。

3. 垫袋布

　　长为袋口大+3cm，宽为5～6cm，用料与衣料相同，采用直丝道，如图4-2-3所示。

4. 熨烫定型板

　　采用卡纸，宽2cm。

三、制作步骤

1. 烫嵌线

　　（1）在衣片的正面画好袋位，袋位的反面粘衬易操作，衬布采用直丝道。
　　（2）使用熨烫定型板将嵌线料折转烫平，每折宽为2cm，如图4-2-4所示。

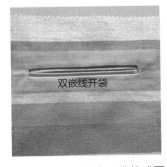

图4-2-1　双嵌线开袋款式图

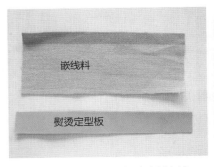

图4-2-2　嵌线用布（嵌线料）

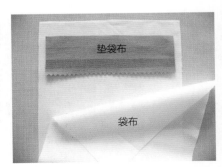

图4-2-3　垫袋布

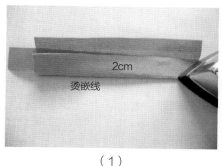
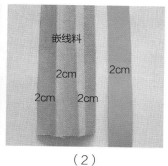

（1）　　　　　　　　　　　（2）

图4-2-4　烫嵌线

2. 缉嵌线

（1）按照开袋的高低、大小，用少量浆糊将袋布粘在衣片反面，袋布比袋口线提高2cm定位，如图4-2-5（1）所示。

（2）在衣片的正面缉嵌线（第一条缝线），缉线离烫折线0.5cm，要求缉线宽窄一致，起落针打来回针，衣片无缩缝的现象，如图4-2-5（2）所示。

（3）缉第二条缝线时，缉线离烫折线0.5cm，缉线时将嵌线布稍拉紧，起止针要注意打来回针，两缉线距离为1cm，长短要一致，如图4-2-5（3）所示。

3. 开袋

在两缉线中间将衣片、嵌线料剪开，离袋口1cm处两端剪成"Y"形，不能剪过缉线，也不能离缉线太远，剪过缉线袋口容易毛出，离缉线太远袋口两端不伏贴、不方正。要注意嵌线两端的剪法，只在缉线中间将嵌线布剪开，如图4-2-6所示。

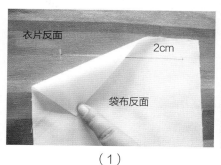
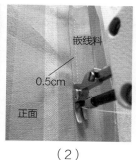

（1）　　　　　　　　　　（2）　　　　　　　　　　（3）

图4-2-5　缉嵌线

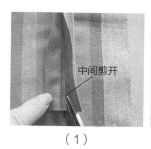

（1）　　　　　　　　　（2）

图4-2-6　开袋

4. 烫嵌线

把嵌线布翻到衣片反面烫伏贴，正面形成两条宽度为0.5cm的嵌线，如图4-2-7（1）所示。为了防止熨烫时袋口正面出现亮光、烫痕，把嵌线布反面两端各剪掉一层，如图4-2-7（2）所示。

5. 缉垫袋布

把垫袋布的正面朝上，根据袋口的位置放正，如图4-2-8（1）所示；将垫袋布的正面朝上，缉在袋布的另一端，注意垫袋布的两端要比袋布少0.8~1cm，如图4-2-8（2）所示。

6. 缉袋布

将袋布对折，确定袋布的中点，并打0.3cm的剪口做标记；依据标记，将袋布的正面与正面叠合缉合，缝头为0.8~1cm，如图4-2-9（1）所示。最后将袋布翻到正面烫伏贴，也可沿边缘缉0.1~0.2cm的明线，如图4-2-9（2）所示。

（1）　　　　　　　　　　（2）

图4-2-7　烫嵌线

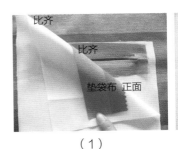

（1）　　　　　　　　　　（2）

图4-2-8　缉垫袋布

7. 封三角

将袋口三角放在袋布与嵌线之间缉线2~3道，以防止袋口毛出，如图4-2-10（1）所示；之后将袋布上口的上下层缉牢，如图4-2-10（2）所示。

四、双嵌线开袋工艺要点

两嵌线宽度要一致；两嵌线无重叠、豁开现象；袋角要方正，无毛出现象；袋布的正、反面要伏贴。

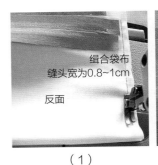
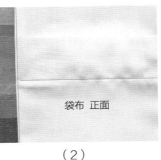

（1）　　　　　　　　　　（2）

图4-2-9　缉袋布

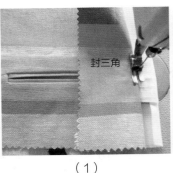

（1）　　　　　　　　　　（2）

图4-2-10　封三角

思考与练习

1. 双嵌线开袋的款式特点、用途有哪些？

2. 怎样使袋口不毛出？

3. 练习双嵌线开袋的制作方法。

第三节 单嵌线开袋缝制工艺

一、单嵌线开袋款式图

该开袋的正面有一条嵌线，外形呈长方形，袋口下有一垫袋布，在男裤、女上衣、休闲装上应用较多，如图4-3-1所示。

视频4-3-1 单嵌线开袋

二、准备材料

1. 袋布

采用直丝道，长为40~42cm，宽为袋口大+5cm；用料为的确良、塔夫绸等较薄面料，如图4-3-2所示。

2. 嵌线用布（嵌线料）

长为袋口大+4cm，宽为4cm；用料与衣片相同，采用直丝道；所需粘合衬的大小同嵌线料，如图4-3-3所示。

3. 垫袋布

长为袋口大+3~4cm，宽为5~6cm；用料与衣片相同，采用直丝道。

三、制作步骤

1. 确定袋位

在衣片的正面确定袋位，嵌线料的反面粘衬，并画上嵌线的宽度、口袋的大小。

2. 缉嵌线

按照开袋的位置将袋布放在衣片的下层，袋布比袋口线提高2cm定位。将嵌线料的反面朝上放在衣片的正面，根据画好的粉线缉嵌线（第一条缉线），缉线长为袋口大。嵌线用料下口的毛边利用锯齿形剪口或锁边来处理，如图4-3-4所示。

图4-3-1 单嵌线开袋款式图

图4-3-2 袋布

图4-3-3 嵌线用布（嵌线料）

图4-3-4 缉嵌线

3. 缉垫袋布

在衣片的正面开袋部位缉缝垫袋布，缉线距第一条缉线0.8cm，两条缉线的长短要一致，缉线的两端要打来回针，如图4-3-5所示。

4. 开袋

在两条缉线的中间沿中心线将衣片剪开，开线顺直，距袋口大1cm处剪成"Y"形，注意不要剪断缉线也不要离缉线太远，如图4-3-6所示。

5. 烫嵌线

将嵌线布、垫袋布翻到衣片反面，把缝头分开缝烫平，并烫出0.8cm嵌线，如图4-3-7所示。

6. 固定嵌线布

利用灌缝或平缝的手法，将嵌线布的上下层固定。如图4-3-8所示是利用平缝的手法将嵌线布与下层衣片的缝头固定。

7. 缉袋布

先将袋布对折，中间部位打0.3cm深的剪口做标记；再将袋布的正面相对缉合两边，缝头为1cm，如图4-3-9所示。

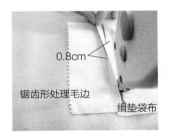
图4-3-5　缉垫袋布

图4-3-6　开袋

图4-3-7　烫嵌线

图4-3-8　固定嵌线布

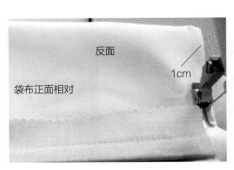
图4-3-9　缉袋布

8. 封袋口

将袋布翻到正面，固定袋口三角和开袋上口袋布，缝线是一条完整的缉线，如图4-3-10所示。

9. 缉袋布明线

沿着袋布止口缉0.1cm的明线，不可有漏针、跳针

现象，袋布要伏贴，不起皱，如图4-3-11所示。

四、单嵌线开袋工艺要点

外观嵌线宽窄一致、袋角处无毛出现象；袋布正反面伏贴，明缉线顺直，无跳针、落针的现象；袋口符合尺寸标准。

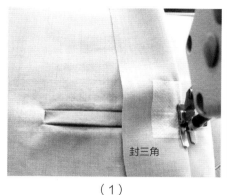
（1）

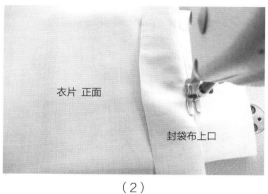
（2）

图4-3-10 封袋口

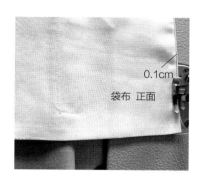

图4-3-11 缉袋布明线

思考与练习

1. 单嵌线开袋的款式特点、用途有哪些？
2. 怎样使袋口不毛出？
3. 练习单嵌线开袋的制作方法。
4. 练习嵌线宽为0.5cm、1.5cm、2cm的单嵌线开袋的制作方法。

第四节　有袋盖双嵌线开袋缝制工艺

视频4-4-1　有袋盖双嵌线开袋1

视频4-4-2　有袋盖双嵌线开袋2

视频4-4-3　有袋盖双嵌线开袋3

一、有袋盖双嵌线开袋款式图

该开袋的正面是双嵌线形式，嵌线中间装有一袋盖，圆角袋盖起装饰和垫袋的作用，在男女西服、休闲装上应用较多，如图4-4-1所示。

二、准备材料

1. 袋布

采用直丝道，长为40～42cm，宽为袋口大+5cm；用料为的确良、塔夫绸等较薄面料。

2. 袋盖布

袋盖面，长为袋口大+2cm，净宽为5.5cm，用料与衣片相同，采用直丝道；袋盖里的大小同面，采用里子布，为斜丝道。

袋盖面、里的上口按照净样板放缝1.5～2cm，其余三边放缝1cm。

3. 嵌线用布（嵌线料）

长为袋口大+3～4cm，宽为6cm，用料与衣片相同，采用直丝道，如图4-4-2所示。

三、制作步骤

1. 确定袋位

在衣片的正面画出袋位，袋位的反面粘衬以防止袋口毛出；在嵌线用布的反面粘无纺衬，方便操作。

2. 烫嵌线料

利用熨烫定型板将嵌线折转烫平，每折宽2cm，如图4-4-3所示。

有袋盖双嵌线开袋

图4-4-1　有袋盖双嵌线开袋款式图

袋盖净样

嵌线用布

图4-4-2　嵌线用布

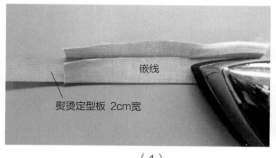

嵌线

熨烫定型板 2cm宽

2cm
2cm　2cm

（1）　　　　　　　　（2）

图4-4-3　烫嵌线料

3. 缉袋盖

在袋盖里的反面根据样板画样，之后将袋盖面放在最下层，与袋盖里正面相对缉合。要注意圆角处袋盖面需留有松量，以防止圆角外翘，如图4-4-4所示。

按照样板缉袋盖

图4-4-4　缉袋盖

4. 修剪袋盖

为了使袋盖伏贴，熨烫时不出现烫痕，要修剪袋盖的缝头，留缝头0.3~0.5cm。

5. 烫袋盖

将缝头倒向袋盖面烫平，圆角处烫圆顺。袋盖翻到正面时，面要比里多出0.1cm的坐势。之后在袋盖的正面，根据样板画出袋盖净样，缉嵌线时作为参考，如图4-4-5所示。

6. 缉嵌线

根据画出的袋盖净样，将烫好的嵌线缉在袋盖上，缉第一条缉线，离双折线0.5cm，如图4-4-6所示。

7. 缉嵌线、袋盖

在衣片的正面开袋处，将袋盖、嵌线的反面朝上，与衣片一起缉合（第二条缉线），缉线与第一条缉线是叠线。之后缉嵌线下口（第三条缉线），第二条缉线与第三条缉线间距1cm，两条缉线均离熨烫双折线0.5cm，要注意起止针打来回针，如图4-4-7所示。

烫袋盖

图4-4-5　烫袋盖

0.5cm

图4-4-6　缉嵌线

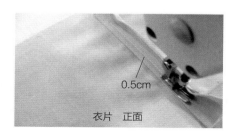

0.5cm

衣片　正面

图4-4-7　缉嵌线、袋盖

8. 开袋

在两缉线的中间将衣片、嵌线剪开，距袋口大1cm处剪成"Y"形，不要剪断缉线，也不要离缉线太远。要注意嵌线用布两端的剪法，只在中间剪开，两端不剪成三角形，如图4-4-8所示。

9. 烫嵌线

将嵌线布、袋盖翻到衣片反面烫平，在衣片的正面形成两条宽为0.5cm的嵌线，如图4-4-9所示。

10. 缉袋布

（1）将袋布对折与嵌线缝合，缝头为1cm。

（2）将袋布对折，缉袋布两边。注意袋布要伏贴，袋布边缘毛边可直接锁边处理，也可剪成锯齿形状来处理，如图4-4-10所示。

11. 封三角

将嵌线布摆平，三角摆正，袋口松紧适宜，缉线2~3道封袋口三角，注意袋角要方正，两嵌线不可有重叠或豁开的现象，如图4-4-11所示。

四、有袋盖双嵌线开袋工艺要点

两嵌线宽窄一致、袋角处无毛出现象；袋布正反面伏贴；袋盖有自然的窝势、坐势，圆角处圆顺、里外均匀。

（1）

（2）

图4-4-8　开袋

图4-4-9　烫嵌线

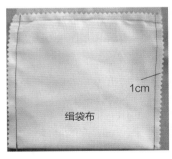

图4-4-10　缉袋布

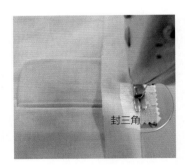

图4-4-11　封三角

思考与练习

1. 有袋盖双嵌线的款式特点、用途有哪些？
2. 怎样使袋口不毛出？
3. 练习有袋盖双嵌线开袋的制作方法。

第五节 有袋盖单嵌线开袋缝制工艺

一、有袋盖单嵌线开袋款式图

有袋盖单嵌线开袋是在单嵌线的基础上加一袋盖，袋盖具有装饰和垫袋的作用。该开袋在休闲装、大衣上应用较多，如图4-5-1所示。

二、准备材料

1. 袋布

长为40～42cm，宽为袋口大+5cm，采用直丝道。采用的确良、美丽绸等薄型面料，如图4-5-2所示。

2. 袋盖料

袋盖面，用料同衣片，为直丝道；袋盖里，采用里子布，为斜丝道。袋盖面、里的上口根据净样板放缝1.5～2cm，其余三边放缝1cm，如图4-5-3所示。

3. 嵌线用布（嵌线料）

采用直丝道，面料同衣片；长为袋口大+3cm，宽4cm，如图4-5-4所示。

三、制作步骤

1. 画袋位

在衣片的正面确定袋位，袋位的反面粘衬，防止开袋时袋口毛出，之后将嵌线用布对折烫平并锁边，在反面画上嵌线的宽度、口袋的大小，如图4-5-5所示。

2. 缉袋盖

在袋盖里的反面画出净样，之后与袋盖面正面相对缝合，缉合时，面放在最下层，

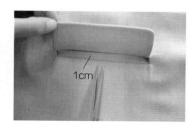

图4-5-1 有袋盖单嵌线开袋款式图

图4-5-2 袋布

图4-5-3 袋盖料

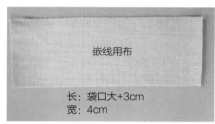

图4-5-4　嵌线用布（嵌线料）

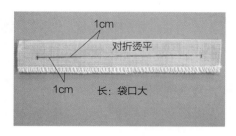

图4-5-5　画袋位

要注意圆角处袋盖面留有吃势。

3. 修剪袋盖

为了使袋盖伏贴，止口顺直，要修剪袋盖缝头，留0.3cm，如图4-5-6所示。

4. 烫袋盖

将袋盖翻到正面烫平，在圆角处要烫顺，并有自然的窝势，袋盖面要有0.1cm的坐势，如图4-5-7所示。

完成后的袋盖要求与净样板的大小相适宜，圆角正确，两格相等，里外均匀合适（格：左右对称的一边；里外均匀：里紧面松，成为自然窝势；窝势：朝里弯的形状）。

5. 缉嵌线

在衣片的正面开袋处，将袋盖的反面朝上，根据画好的粉线缉缝（第一条缉线）。缉线时袋布放在衣片的下层，在袋口线向上2cm处放正、定位，袋口两边的袋布要对称，如图4-5-8（1）所示。之后缉嵌线（第二条缉线），缉线离第一条缉线1cm。两线长短要一致，起止针时要打来回针，如图4-5-8（2）所示。

图4-5-6　修剪袋盖

图4-5-7　烫袋盖

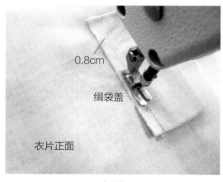

（1）

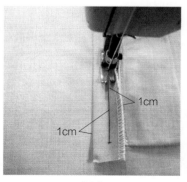

（2）

图4-5-8　缉嵌线

6. 开袋

在两缉线中间将衣片剪开，离袋口1cm处剪成"Y"形。注意不要将缉线剪断，避免袋口毛出，也不能离缉线太远，如图4-5-9所示。

7. 烫嵌线

将嵌线布翻到衣片的反面烫平，在衣片的正面形成一条宽为1cm的嵌线。袋角处的小三角翻到衣片的反面，袋口要方正、不起皱，如图4-5-10所示。

8. 缉袋布

将袋布对折摆正，按照1cm宽的缝头缉袋布，袋

布毛边可用锯齿形剪口，及锁边、包边器包边的手法来处理，如图4-5-11所示。

9. 封三角

将袋口三角摆正，袋布摆平，缉线2~3道封三角，以防止袋口毛出，缉线离袋口0.1cm，如图4-5-12所示。

四、有袋盖单嵌线开袋工艺要点

嵌线宽窄一致；袋口方正、无毛出现象，松紧适宜；衣片的正面无亮光、烫迹。

图4-5-9　开袋

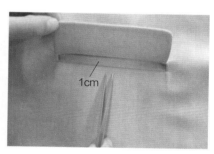

图4-5-10　烫嵌线

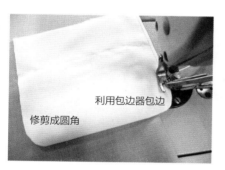

图4-5-11　缉袋布

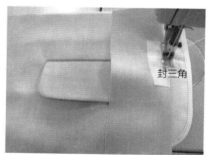

图4-5-12　封三角

思考与练习

1. 有袋盖单嵌线开袋的款式特点有哪些？
2. 怎样使袋口不毛出？
3. 练习有袋盖单嵌线开袋的制作方法。

第六节　有装饰双嵌线开袋缝制工艺

视频4-6-1　有装饰双嵌线开袋

一、有装饰双嵌线开袋款式图

有装饰双嵌线开袋是在双嵌线开袋的基础上加扣袢、装饰三角等，和双嵌线开袋相比，其外观较细，口袋两端处理方法不同，如图4-6-1所示。该开袋常用于男西服、大衣的里袋。

二、准备材料

1. 袋布

长30cm左右，宽为袋口大+4cm；采用里子布等较薄的面料，为直丝道。

2. 嵌线用布（嵌线料）

长为袋口大+1cm，宽5~6cm；用料的颜色、质地同衣服里子，采用斜丝道，反面刷少量浆糊使之挺括、易操作。

3. 装饰布

（1）扣袢：长为4cm左右，宽2.5cm，采用直丝道，面料的颜色、质地同衣服里子。

（2）装饰三角：边长10cm的正方形，采用直丝道，面料的颜色、质地同嵌线用布。

三、操作步骤

1. 烫嵌线用布

将嵌线用布两端的缝头（0.5cm）折转烫平，并在反面画出嵌线，宽0.3~0.5cm，如图4-6-2所示。

2. 做袋口装饰

先将装饰布对折烫平，如图4-6-3（1）所示；再二次对折，如图4-6-3（2）所示；

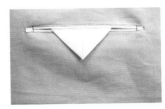

图4-6-1　有装饰双嵌线开袋款式图

图4-6-2　烫嵌线用布

扣袢的做法同裤袢，如图4-6-3（3）所示。

3. 缉嵌线

将嵌线料的正面与衣片的正面相对，根据画好的粉线缉线，两缉线宽0.3~0.5cm，注意袋口两端的做法，缉线要沿着嵌线料边缘，不要缉着嵌线布，如图4-6-4所示。

4. 开袋

在缉线的中间沿中心线将衣片剪开，开线要直，注意不要剪断袋口两端的缉线，如图4-6-5所示。

5. 烫嵌线

将嵌线用布翻到衣片的反面烫平，烫出嵌线宽0.3cm（0.15cm×2），如果缉线宽为0.5cm，烫出嵌线宽0.25cm×2。

6. 缉明线

在嵌线边缘缉0.1cm的明线，线迹要均匀，不可有漏针现象。缉上口明线时放入装饰袢或扣袢，如图4-6-6所示。

（1）

（2）

（3）

图4-6-3　做袋口装饰

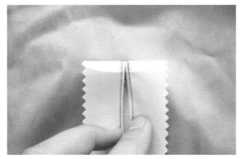
图4-6-4　缉嵌线

图4-6-5　开袋

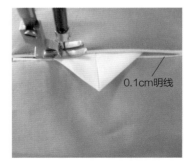
图4-6-6　缉明线

7. 缉袋布

先缉袋布下口，使袋布与嵌线布连接；再将袋布对折缉袋布上口、两边，缝头均为1cm。该开袋常用于衣服的里袋，所以袋布的毛边不用锁边处理，如图4-6-7所示。

8. 封袋口

离袋口两端0.5~0.8cm处缉明线2~3道，缉线为叠线，不可出现双轨线，缉线长为0.5cm，如图4-6-8所示。

四、有装饰双嵌线开袋工艺要点

嵌线外观细、匀；装饰祥的大小要参考袋口大小，比例要恰当；袋布正反面要平服。

图4-6-7　缉袋布　　　　　　　　图4-6-8　封袋口

思考与练习

1. 有装饰双嵌线开袋款式特点有哪些？
2. 有装饰双嵌线开袋与双嵌线开袋的缝制方法有什么不同？
3. 练习有袋盖单嵌线开袋的制作方法。
4. 试以有装饰双嵌线开袋的缝制方法为依据进行设计练习。

第七节　有拉链单嵌线开袋缝制工艺

一、有拉链单嵌线开袋款式图

该袋袋口处装一拉链，外观为单嵌线形式，实用性较强，在羽绒衣、棉衣、男女休闲装上应用较多，如图4-7-1所示。

二、准备材料

1. 袋布

采用直丝道，用较薄的面料，长30cm左右，宽15~16cm；袋底为弧线形，袋布的斜势与袋口的斜势要一致。

2. 嵌线用布

采用直丝道，用料同衣片；长为袋口大+3~4cm，宽4cm左右。

3. 拉链

其尺寸是，长为袋口大+3cm，根据袋口的大小灵活选择，如图4-7-2（1）所示。

4. 垫袋布

长参考袋布斜边，比袋布斜边短0.8~1cm，宽4~5cm，如图4-7-2（2）所示。

图4-7-1　有拉链单嵌线开袋款式图

视频4-7-1　有拉链单嵌线开袋1

视频4-7-2　有拉链单嵌线开袋2

视频4-7-3　有拉链单嵌线开袋3

（1）

（2）

图4-7-2　准备拉链和垫袋布

三、制作步骤

1. 缉垫袋布

将垫袋布的正面朝上，缉在袋布大片上，要注意垫袋布下端比袋布短0.8～1cm，如图4-7-3所示。

2. 缉嵌线（第一条缉线）

在开袋处，反面粘衬以防止袋口毛出，要注意粘接牢度和衣片表面状况；将嵌线布对折烫平缉嵌线，缉线长为袋口大，离双折线1.2cm，起始针时要打来回针，如图4-7-4所示。

3. 缉拉链（第二条缉线）

在衣片的正面袋位处，将拉链的反面朝上缉线，缉线离第一条缉线1.2cm，两缉线长短要一致，缉线顺直，拉链伏贴，如图4-7-5所示。

4. 开袋

在两缉线中间沿中心线将衣片剪开，开线顺直，袋口两端剪成三角形，注意不要剪断缉线，也不能离缉线太远，避免袋口有毛出的现象，如图4-7-6所示。

5. 缉袋布

（1）将嵌线、拉链翻到衣片的反面，在衣片的正面烫出1.2cm宽的嵌线；之后缉小片袋布，如图4-7-7（1）所示。

（2）把大片袋布与拉链、嵌线缉合，缉线宽1cm；袋布上下层要比齐，如图4-7-7（2）所示。

（3）将袋布上下层摆平，缉合袋底，缝头为0.8～1cm，线迹松紧要适宜，无跳线、浮线的现象，如图4-7-7（3）所示。

 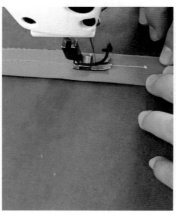 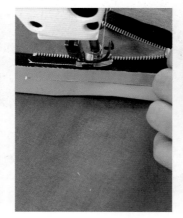 

图4-7-3　缉垫袋布　　图4-7-4　缉嵌线（第一条缉线）　图4-7-5　缉拉链（第二条缉线）　　图4-7-6　开袋

（1）

（2）

（3）

图4-7-7 缉袋布

6. 封袋口

将袋布、嵌线、拉链放正，封袋口处小三角，缉线3~4道，注意缉线离袋口0.1cm，袋口四角要方正，如图4-7-8所示。

四、有拉链单嵌线开袋工艺要点

嵌线宽窄一致，袋口处无毛出、褶皱的现象；拉上拉链，袋口要平整；袋布上下层要平服。

图4-7-8 封袋口

思考与练习

1. 有拉链单嵌线开袋款式特点有哪些？
2. 有拉链单嵌线开袋与单嵌线开袋的缝制方法有什么不同？
3. 练习有拉链单嵌线开袋的制作方法。

第八节　表袋缝制工艺

一、表袋款式图

表袋的袋口与腰头缝合后，袋口处是一条缝，不影响外观，在男、女裤中应用较多，如图4-8-1所示。

二、准备材料

1. 袋布

采用直丝道，宽为袋口大+2cm（袋口大一般为7cm左右），长20cm左右。

2. 垫袋布

采用直丝道，长同袋布宽，宽为4~5cm，如图4-8-2所示。

三、制作步骤

1. 缉垫袋布

将垫袋布的正面朝上，缉在袋布的一端，如图4-8-3（1）所示。将袋布反面相对，对折后缉合两边，离袋口1cm处起针，起止针要打来回针，如图4-8-3（2）所示。

2. 缉袋口

将袋布的反面与衣片正面相对，缉袋布的上口，缝头为1cm，袋口处袋布两端留1cm缝头不缉，如图4-8-4（1）所示，要注意袋布的摆法。之后在袋口两端打0.8cm深剪口，如图4-8-4（2）所示。

图4-8-1　表袋款式图

图4-8-2　垫袋布

（1）

（2）

图4-8-3　缉垫袋布

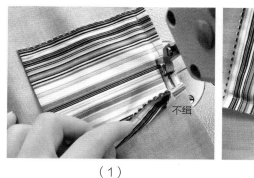

（1） （2）

图4-8-4　缉袋口

3. 缉袋口明线

将袋布翻向衣片的上方，把缝头倒向袋布方向，为了防止袋口处袋布反吐，暗缉线0.1cm，如图4-8-5所示。

4. 封袋口

将袋口处衣片与垫袋布摆正，袋口松紧调整好，来回针固定衣片与袋布，如图4-8-6所示。

四、表袋工艺要点

袋口大小合适、松紧适宜；袋口离腰口的缝头为0.8～1cm；袋布上下层要伏贴。

图4-8-5　缉袋口明线　　　　　图4-8-6　封袋口

思考与练习

1. 怎样使表袋袋口平服？
2. 练习表袋的制作方法。

第九节　有嵌线表袋缝制工艺

一、有嵌线表袋款式图

表袋袋口处加一单嵌线作为装饰，该开袋在裤中可作为表袋使用，也可在上衣、裤侧缝处作为直插袋使用，如图4-9-1所示。

视频4-9-1　有嵌线表袋1

二、准备材料

1. 袋布

采用直丝道，长为20cm左右，宽为袋口大+2cm。

2. 垫袋布

采用直丝道，长为袋口大+2cm，宽为4～5cm。

3. 嵌线用布（嵌线料）

采用直丝道，长为袋口大+2cm，宽为4cm，如图4-9-2所示。

三、制作步骤

1. 缉垫袋布

将垫袋布的正面朝上，袋布的反面朝上，两者上口比齐，将垫袋布缉在袋布的一端，如图4-9-3所示。

2. 缉嵌线

（1）将嵌线对折烫平，缉在裤片的正面，缉线离上口2cm，离嵌线对折线1cm，起止针要回针，如图4-9-4（1）所示。

（2）在缉线的两端，离袋口大0.8cm处，将裤片剪成三角形，注意不要剪断缉线；之后将袋口处裤片的缝头修掉1cm，如图4-9-4（2）、图4-9-4（3）所示。

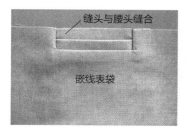

图4-9-1　有嵌线表袋款式图

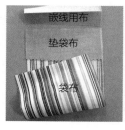

图4-9-2　嵌线用布（嵌线料）

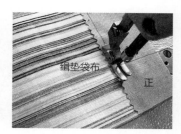

图4-9-3　缉垫袋布

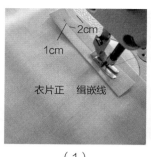
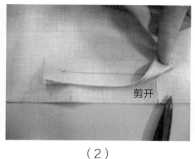

（1） （2） （3）

图4-9-4 缉嵌线

3. 烫嵌线

将袋口小三角、嵌线用布翻到裤片的反面，在裤片的正面烫出1cm宽的嵌线，如图4-9-5所示。

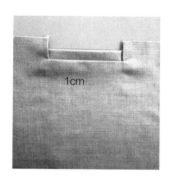

4. 缉袋布

（1）将袋布的反面与嵌线缝头正面相对，缝头比齐，缉袋布的下口，缝头为1cm，如图4-9-6（1）所示。

（2）将袋布反面相对，对折摆正，缉袋布两端，如图4-9-6（2）所示。

图4-9-5 烫嵌线

（3）将袋布摆正，袋口拉平，封三角2~3道，缉线要直，如图4-9-6（3）所示。

视频4-9-2 有嵌线表袋2

四、有嵌线表袋工艺要点

缉嵌线时要注意缝线离腰口的距离；袋角处要方正，无毛出现象；袋口伏贴、松紧适宜。

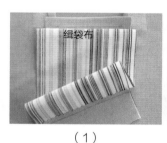

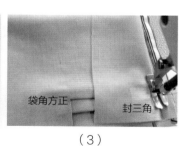

（1） （2） （3）

图4-9-6 缉袋布

思考与练习

1. 有嵌线表袋款式特点有哪些？
2. 练习有嵌线表袋的制作方法。

第十节　手巾袋缝制工艺方法一

视频4-10-1
手巾袋1

一、手巾袋款式图

手巾袋外形和单嵌线开袋相似，袋爿的两端缉有明线，该袋在男西服中作为手巾袋应用，也可在休闲装、大衣中作为插袋应用，如图4-10-1所示。

袋爿：无盖开袋的袋口外镶边称袋爿。

视频4-10-2
手巾袋2

二、准备材料

1. 袋爿用料

长为袋口大+2cm，宽为7cm左右；丝道同衣身，根据净样板放缝1cm，如图4-10-2所示。

2. 垫袋布

长为袋口大+2cm，宽为5cm左右；采用直丝道。

3. 袋布

宽为袋口大+4cm，长为30cm左右；采用直丝道。

三、制作步骤

1. 烫袋爿

将袋爿用料两端的缝头按照样板烫平、折净；袋爿对折后，面比里要多出0.1cm，如图4-10-3所示。

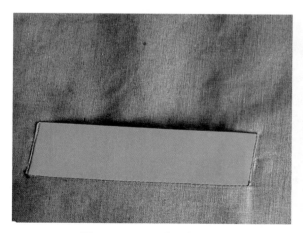

图4-10-1　手巾袋款式图

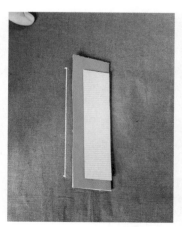

图4-10-2　袋爿用料

图4-10-3　烫袋爿

2. 缉袋爿（第一条缉线）

在衣服的正面袋位处缉袋爿，要注意起针的位置，袋爿的斜势。起止针要回针，回针时不可出现双轨线，如图4-10-4所示。

3. 缉垫袋布（第二条缉线）

将垫袋布的反面朝上，与衣片的正面相对缉垫袋布，缉线离第一条缉线1cm。要求两条缉线的走向与袋爿的斜势一致，如图4-10-5所示。

4. 开袋

在两线中间将衣片剪开，两端剪成"Y"形；注意不要将缉线剪断，避免袋口毛出，也不能离缉线太远。之后将垫袋布、袋爿翻到衣片的反面烫伏贴，如图4-10-6所示。

5. 缉下层袋布

将垫袋布向上掀起，将袋布的正面与袋爿里的正面相对，缝合袋布，缝头为1cm，袋爿左右两端的袋布要对称，如图4-10-7所示。

6. 固定袋爿

将垫袋布向上掀起，采用灌缝和平缝的方法，固定袋爿的面、里。如图4-10-8（1）所示是利用灌缝的方法；如图4-10-8（2）所示是利用平缝的方法。

7. 缉上层袋布

将袋布上下层反面相对，四边摆正，缉袋布一周，缝头为1cm，如图4-10-9所示。

   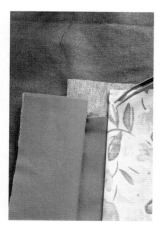

图4-10-4　缉袋爿（第一条缉线）　　图4-10-5　缉垫袋布（第二条缉线）　　图4-10-6　开袋　　图4-10-7　缉下层袋布

8. 封袋口

将小三角放在袋爿面、里中间，袋口松紧调整好，在袋爿的两端缉明线0.1cm，缉线两道封袋口，线迹为叠线，如图4-10-10所示。

四、手巾袋工艺要点

袋爿与样板的大小相符；明线不可出现双轨线，要整齐、顺直；袋口不豁开，松紧适宜；袋角处无毛出现象。

（1）

（2）

图4-10-8　固定袋爿

图4-10-9　缉上层袋布

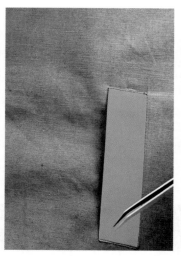

图4-10-10　封袋口

思考与练习

1. 手巾袋款式特点、用途有哪些？
2. 手巾袋与单嵌线开袋制作方法有哪些区别？
3. 练习有袋盖单嵌线开袋的制作方法。

第十一节　手巾袋缝制工艺方法二

一、手巾袋款式图

袋爿两侧采用暗缉，正缉1cm长的明线作为装饰线，如图4-11-1所示。

二、准备材料

1. 袋爿用料

长为袋口大+2cm；宽为7cm左右，双折后根据净样板三边放缝1cm。

2. 垫袋布

长为袋口大+2cm；宽为5cm左右，如图4-11-2所示。

3. 袋布

宽为袋口大+4cm；长为30cm左右。

三、制作步骤

1. 烫袋爿

先将袋爿里两端的缝头根据净样板剪掉，如图4-11-3（1）所示，之后将袋爿面两端的缝头烫折到反面，如图4-11-3（2）所示。

2. 缉袋爿（第一条缉线）

在衣服的正面袋位处将袋爿放正，缉袋爿面，要注意起针的位置，袋爿两端留出宽0.8cm的缝头，如图4-11-4所示。

3. 缉垫袋布（第二条缉线）

将垫袋布的反面朝上，与衣片的正面相对缉垫袋布，缉线离第一条缉线1cm，两条缉线的斜势要和袋爿一致，如图4-11-5所示。

（1）

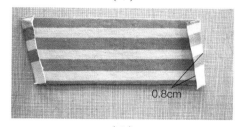

（2）

图4-11-3　烫袋爿

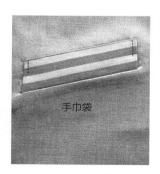

图4-11-1　手巾袋款式图

图4-11-2　垫袋布

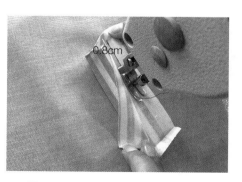

图4-11-4　缉袋爿（第一条缉线）

4．开袋

在两缉线中间将衣片剪开，离袋口1cm处两端剪成"Y"形。注意不要将缉线剪断，避免袋口毛出，也不能离缉线太远，如图4-11-6所示。

5．烫袋爿

把垫袋布、袋爿翻到衣片的反面放平，将袋爿的里与袋布缝合；采用灌缝方法固定袋爿的面、里，如图4-11-7所示；之后缝合袋布四周，袋布的做法同方法一。

6．封袋口

（1）暗缉袋爿两端，缝头为0.8cm，袋爿的正面要平整，袋口松紧要适宜，如图4-11-8（1）所示。

（2）在袋爿的两端，离止口0.4cm处封袋口，明线长1cm左右，如图4-11-8（2）所示。

四、手巾袋工艺要点

袋爿与样板大小相符；袋口伏贴；明缉线不可出现双轨线，要整齐、美观；袋角处不可有毛出现象。

图4-11-5　缉垫袋布（第二条缉线）

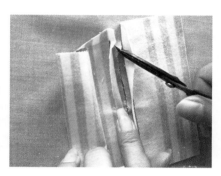

图4-11-6　开袋

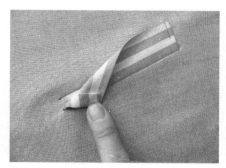

图4-11-7　烫袋爿

（1）

（2）

图4-11-8　封袋口

思考与练习

1．怎样使手巾袋的袋口不毛出？

2．封袋口时应注意什么？

3．简述手巾袋的工艺要点。

第五章

袖开衩、袖克夫缝制工艺

袖开衩即缝在袖口的开衩，袖克夫指袖口的双层贴边，它们主要是为了人体活动方便。外观有收口、散口的形式，一般一片袖结构的长袖装有袖克夫，两片袖的结构有袖开衩，对人体起保护和装饰的作用。

第一节　直条式袖开衩缝制工艺

视频5-1-1
直条式袖开衩1

一、直条式袖开衩款式图

直条式袖开衩是女式衬衫袖的基本形式，袖头部分是由两层面料折叠而成，由于没用粘合衬，制成的袖头松软、平整，如图5-1-1所示。

二、准备材料

视频5-1-2
直条式袖开衩2

1. 袖开衩条

采用直丝道，长为开衩长×2，宽为3cm。

2. 袖克夫（袖头）

长为手腕围度+放松量+门、里襟，净宽为3.5～4cm，毛宽为9～10cm。

视频5-1-3
直条式袖开衩3

三、制作步骤

1. 烫袖开衩条

将袖开衩条折转烫平，净宽为0.8cm，注意里比面要多出0.1cm，如图5-1-2所示。

2. 烫袖克夫

将袖克夫面缝头（0.8cm）烫折到反面，之后烫出袖克夫净宽3.5～4cm。也可按照袖克夫规格宽对折，如图5-1-3所示。

图5-1-1　直条式袖开衩款式图

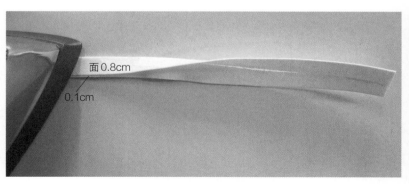

图5-1-2　烫袖开衩条

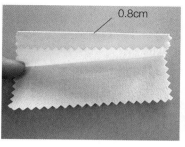

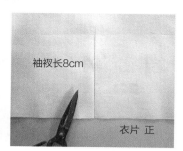

图5-1-3　烫袖克夫　　　　　图5-1-4　缉袖克夫两端　　　　图5-1-5　确定袖衩位

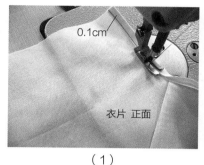

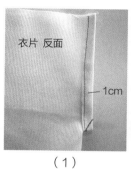

（1）　　　　　　　　　（2）　　　　　　　　（1）　　　　　　　　　（2）

图5-1-6　缉袖开衩条　　　　　　　　　　　图5-1-7　封袖衩

3. 缉袖克夫两端

将袖克夫正面相对缉袖克夫两端，缝头为0.8cm；之后将袖克夫翻到正面烫伏贴，如图5-1-4所示。

4. 确定袖衩位

在后袖片开衩的位置，剪出袖衩长8cm，如图5-1-5所示。

5. 缉袖开衩条

将衣片的正面朝上，采用夹缝的方法绱袖开衩条，缝头为0.6cm，在拐角处缝头过渡为0.3cm，明线宽为0.1cm，如图5-1-6（1）所示。在拐角处不可毛出，不可有死褶，不可有链形，反面不可漏针，如图5-1-6（2）所示。

6. 封袖衩

在开衩条的反面，将袖衩条对折，袖口比齐，离袖衩拐角1cm处缉来回针3～4道，如图5-1-7（1）所

示；之后把袖开衩的一边折到反面，在袖口处固定，形成袖衩门襟片，如图5-1-7（2）所示。

7. 抽袖口碎褶

先采用平缝的方法缝合袖底缝，之后用打褶压脚抽袖口碎褶，或用缝纫机车缝一趟抽出碎褶。抽出的细褶要均匀、整齐，如图5-1-8所示。

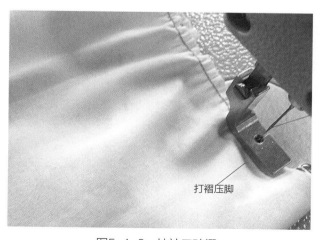

图5-1-8　抽袖口碎褶

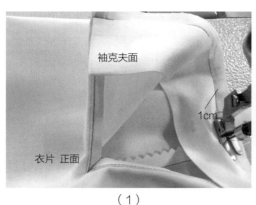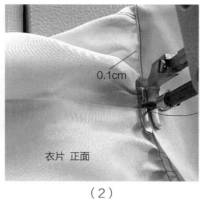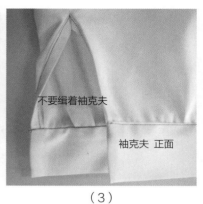

（1）　　　　　　　　　　　（2）　　　　　　　　　　　（3）

图5-1-9　安装袖克夫

8. 安装袖克夫

采用拉压缉缝的方法安装袖克夫。

（1）将袖片的反面与袖克夫里的正面相对，袖开衩两头与袖克夫两端塞齐，沿着袖克夫边缘缉线，缝头为1cm，如图5-1-9（1）所示。

（2）将缝头放在袖克夫面、里的中间，沿袖克夫面的边缘缉0.1cm的明线，如图5-1-9（2）所示。

（3）完成后的袖克夫要伏贴，袖开衩长短要一致，如图5-1-9（3）所示。

9. 锁眼、钉扣

通常在离袖克夫止口1cm处锁眼、钉扣，眼与扣的位置要正确。

四、直条式袖开衩工艺要点

明缉线要顺直，针距大小一致；夹缉袖衩条的缝头要有过渡，拐角处不可毛出。袖克夫要伏贴、无链形。

思考与练习

1. 直条式袖开衩款式特点有哪些？
2. 试述直条式袖克夫的安装方法。
3. 练习直条式袖开衩的制作方法。

第二节　贴边袖开衩缝制工艺

一、贴边袖开衩款式图

视频5-2-1
贴边袖开衩

在开衩部位，衬一层贴边来处理开衩部位的毛边，袖头部分是由两层面料折叠而成的，如图5-2-1所示。

二、准备材料

1. 袖开衩贴边

采用直丝道，长为袖开衩长+3cm，宽为5～6cm。

2. 袖克夫

长为手腕围度+放松量+门、里襟，净宽3.5～4cm，毛宽9～10cm。

三、制作步骤

1. 确定衩位

在袖开衩贴边上画出开衩位，开衩长8cm，如图5-2-2所示。

2. 缉袖克夫

将袖克夫面缝头烫折到反面，袖克夫净宽为3.5～4cm，如图5-2-3（1）所示；之后将袖克夫正面相对缉袖克夫两端，缝头为0.8cm；最后将袖克夫翻到正面烫伏贴，如图5-2-3（2）所示。

3. 缉开衩

在袖片开衩的位置，将衣片的正面与贴边的正面相对，缉开衩长8cm，宽0.3～0.4cm，如图5-2-4所示。

4. 剪开衩

在缉线中间将贴边、衣片剪开，拐弯处不要将缉线剪断，如图5-2-5（1）所示；然后将袖开衩贴边翻到

图5-2-1　贴边袖开衩款式图

图5-2-2　确定衩位

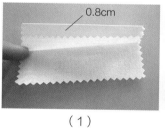

（1）　　　　　　　　（2）

图5-2-3　缉袖克夫

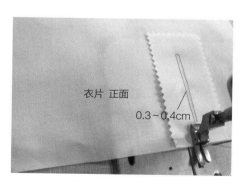

图5-2-4　缉开衩

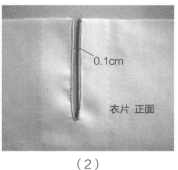

（1）　　　　　　（2）

图5-2-5　剪开衩

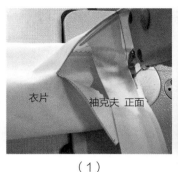
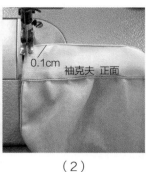

（1）　　　　　　（2）

图5-2-6　安装袖克夫

袖片的反面烫平，之后在袖片的正面缉0.1cm的明线，缉线要顺直，不可有跳针或浮线的现象，如图5-2-5（2）所示。

5. 安装袖克夫

（1）将袖片正面相对，缝合袖底缝，缝头为1cm。

（2）将袖片的反面与袖克夫里的正面相对，袖开衩两头与袖克夫两端塞齐，沿着袖克夫边缘缉线，缝头为1cm，如图5-2-6（1）所示。

（3）将缝头放在袖克夫面、里的中间，沿袖克夫

面的边缘缉0.1cm的明线，如图5-2-6（2）所示。

6. 锁眼、钉扣

眼与扣的位置要正确，离袖克夫止口1cm处锁眼、钉扣，眼大为纽扣的直径加0.1cm。

四、贴边袖开衩工艺要点

明缉线要顺直，宽窄一致；袖开衩贴边的拐角处不可有毛出现象；袖克夫要伏贴、无链形。

思考与练习

1. 贴边袖开衩款式特点有哪些？
2. 简述贴边袖开衩的制作方法。
3. 练习贴边袖开衩的制作方法。

第三节　宝剑头袖开衩缝制工艺

一、宝剑头袖开衩款式图

　　宝剑头袖开衩属于搭叠式开口，是一侧搭压于里襟的形式。该袖开衩常用于男衬衫的袖口处，袖口不仅具有可扣紧、可松开的实用性，还具有装饰性，如图5-3-1所示。

视频5-3-1
宝剑头袖开衩1

二、准备材料

1. 工艺样板

　　（1）宝剑头袖开衩样板：长为12cm左右，宽2.5cm。

　　（2）袖克夫样板：长为手腕围度+放松量+门、里襟，净宽6cm。

2. 袖开衩用布

　　采用直丝道，根据样板一周放缝0.6cm。

3. 袖克夫用布

　　长为袖克夫样板+2cm缝头，宽为袖克夫净宽+2cm缝头，如图5-3-2所示。

图5-3-1　宝剑头袖开衩款式图

视频5-3-2
宝剑头袖开衩2

视频5-3-3
宝剑头袖开衩3

视频5-3-4
宝剑头袖开衩4

三、制作步骤

1. 烫袖开衩

　　宝剑头拐角处打一剪口，按照袖开衩样板将缝头烫折到反面，如图5-3-3（1）所示，注意对折后里比面多出0.1cm，宝剑头左右要对称，如图5-3-3（2）所示。

视频5-3-5
宝剑头袖开衩5

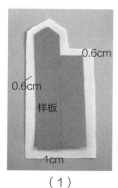
（1）

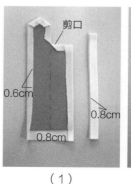
（2）

图5-3-2　准备材料

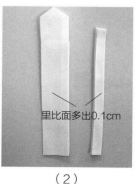
（1）

（2）

图5-3-3　烫袖开衩

2. 剪开衩

在袖片开衩部位按照开衩长剪开，离衩末端1cm处剪成三角形，并将小三角烫到袖片的正面，如图5-3-4所示，要注意图中1、2、3三者的长度，1与2长短一致，3比2长出1cm左右。

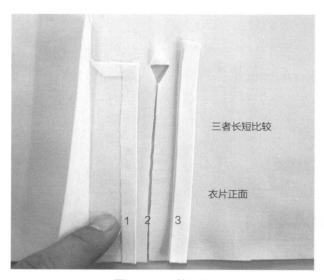

图5-3-4　剪开衩

3. 缉袖衩条

（1）采用夹缝的方法缉袖衩条（里襟），缝头为0.5cm，明线宽0.1cm。要注意袖衩条末端的做法，如图5-3-5（1）所示（注：钉扣的一边称为里襟）。

（2）采用夹缝的方法缉宝剑头袖衩（门襟），将1、2比齐，如图5-3-5（2）所示。

缉袖开衩缝头为0.5cm，明线宽0.1cm，要注意明缉线的方向，如图5-3-5（3）、图5-3-5（4）所示。

4. 缉袖克夫

（1）将袖克夫面上口1cm缝头根据样板烫折到反面，如图5-3-6（1）所示。

（2）将袖克夫面与里正面相对，依据样板的大小缉线，缝头宽为0.8cm；之后用规定的样板将圆头翻足，圆角处要烫顺，对合圆头一致，袖克夫下口要烫直，整个袖克夫要烫煞，如图5-3-6（2）所示。

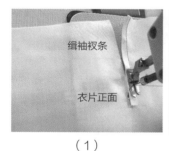

（1）

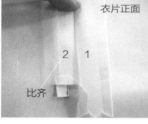

（2）

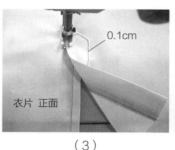

（3）

（4）

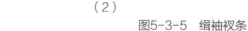

图5-3-5　缉袖衩条

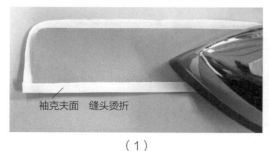

（1）

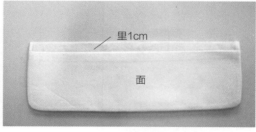

（2）

图5-3-6　缉袖克夫

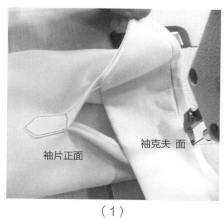
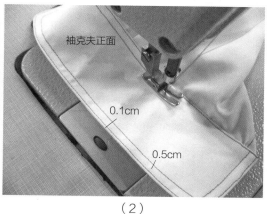

（1）　　　　　　　　　　　　　（2）

图5-3-7　安装袖克夫

5. 安装袖克夫

采用拉压缉缝的方法安装袖克夫。

（1）袖片的反面与袖克夫里的正面相对，袖开衩两头与袖克夫两端塞齐，用平缝针法安装袖克夫，缝头为1cm，如图5-3-7（1）所示。

（2）将缝头放在面、里的中间，沿袖克夫的边缘缉0.1cm、0.5cm宽的双明线，如图5-3-7（2）所示。

四、宝剑头袖开衩工艺要点

两袖克夫圆头对称、宽窄一致、缉明止口顺直；宝剑头左右对称；袖克夫伏贴、无链形。

思考与练习

1. 宝剑头袖开衩款式特点有哪些？
2. 练习宝剑头袖开衩的制作方法。
3. 试以宝剑头袖开衩的制作方法为依据进行设计。

第四节　假袖衩缝制工艺

一、假袖衩款式图

在袖子外缝袖口处做一袖衩作装饰，该款为假袖衩，在女款两片袖中应用较多，如图5-4-1所示。

二、准备材料

1．大小袖片

大小袖片的尺寸应结合服装结构制图，袖开衩长11cm左右。

2．袖片里子

多采用美丽绸、富春纺等光滑的面料，剪裁里子时要注意袖开衩部位的裁法，袖口处里比面短2cm，不加开衩量，如图5-4-2所示。

三、制作步骤

1．缉袖外缝

先根据放缝缉袖外缝，缝头为1cm；然后按照袖口折边的放缝、袖开衩的宽度缉袖口部位，如图5-4-3所示。

2．烫袖口折边

将大小袖片分开摆平，在小袖片袖开衩拐角处打一剪口，把外袖缝缝头分开缝烫平；袖开衩倒向大袖，之后根据所留的宽度将袖口折边倒向袖身方向烫平，如果衣料较薄可在袖口处粘衬，如图5-4-4所示。

图5-4-1　假袖衩款式图

图5-4-2　袖片里子

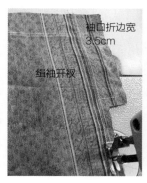

图5-4-3　缉袖外缝

图5-4-4　烫袖口折边

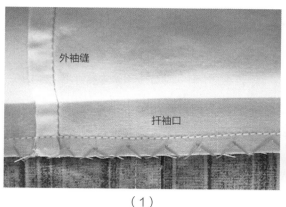
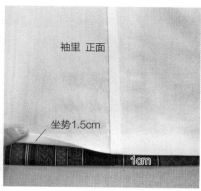

（1）　　　　　　　　　　　（2）

图5-4-5　缉合袖口

3. 缉合袖口

（1）将大小袖片的正面相对缉合袖子内缝，缝头宽1cm，在袖肘线处略拨开。之后缉合袖里外缝、内缝，缝头为1cm。

（2）将袖子的正面与袖里的正面相对，面与里的内、外缝对准缉合袖口，缝头宽0.8cm。

（3）利用三角针固定袖口折边与袖片，要注意袖子的正面不可露出针迹，如图5-4-5（1）所示。

（4）将袖口烫平，袖的里比面短1cm，并有1～1.5cm的坐势，以防止里子过紧影响袖子的外观效果，如图5-4-5（2）所示。

四、假袖衩工艺要点

袖衩表面伏贴；袖片的面、里松紧适宜；坐势均匀，里短于面。

思考与练习

1. 假袖衩款式特点、用途有哪些？
2. 在袖口处为什么留1.5cm左右的坐势？
3. 练习假袖衩的制作方法。

第五节　真袖衩缝制工艺

一、真袖衩款式图

在两片袖的外缝袖口处做一袖衩作装饰，袖衩处锁装饰纽眼，钉装饰扣，该款为真袖衩（西服袖开衩），在男西服中应用较多，如图5-5-1所示。

二、准备材料

1. 袖口衬

长15cm左右，宽4cm左右，采用较薄的有纺衬。

2. 大小袖片

袖里比袖面短1.5~2cm，袖里无袖开衩，如图5-5-2所示。

三、制作步骤

1. 烫大袖袖口贴边

先在袖口处粘有纺衬，既方便操作又防止袖口变形，然后根据贴边和开衩烫出大袖袖衩对角线，并修剪缝头，留0.3~0.5cm，如图5-5-3所示。

2. 缉袖开衩

（1）将袖口正面相对，根据熨出的对折线缉大袖开衩，折角要方正，之后将缝头分开缝烫平；止针时留出0.8cm的缝头，如图5-5-4（1）所示（如果袖开衩部位有纽扣装饰，折角翻到正面烫平后要根据眼位锁眼）。

（2）将小袖片按照袖口贴边的宽度正面相对，缉合袖口贴边，注意止针处留出0.8cm缝头不缉，大小袖片袖口贴边的宽度要一致，如图5-5-4（2）所示。

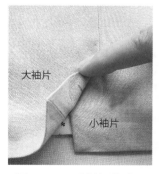

图5-5-1　真袖衩款式图

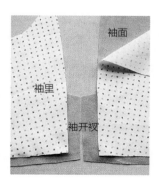

图5-5-2　大小袖片

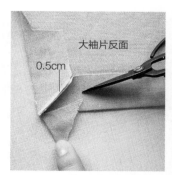

图5-5-3　烫大袖袖口贴边

（1）　　　　　（2）

图5-5-4　缉袖开衩

（1）　　　　（2）

图5-5-5　缝合外袖缝

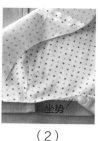

（1）　　　　（2）

图5-5-6　缝合袖口

3. 缝合外袖缝

（1）将大小袖片开衩部位长短对齐，根据放缝缉袖外缝、袖开衩，要注意止针的位置，如图5-5-5（1）所示。

（2）在小袖片袖开衩拐角处打一剪口，把外袖缝缝头分开缝烫平；袖开衩倒向大袖，之后根据所留的宽度将袖口折边，倒向袖身方向烫平，如图5-5-5（2）所示。

4. 缝合袖口

（1）将大小袖片正面相对缉合内袖缝，缝头为1cm，在袖肘线处略拔开。

（2）缉袖里外缝、内缝，缝头为1cm。

（3）将袖片的正面与里子的正面相对，内、外袖缝对准，缝合袖口，缉线宽为0.8cm。

（4）利用三角针固定袖口折边，注意在袖子的正面不可露出针迹，如图5-5-6（1）所示。

（5）将袖口烫平，袖口里子要比面短1～1.5cm，并有1.5cm左右的坐势，如图5-5-6（2）所示。在大袖片开衩处钉装饰纽扣，扣与眼的位置相对，钉扣不绕线脚。

四、真袖衩工艺要点

袖衩部位要伏贴；袖口折角处要方正，不外翘；在袖片的正面，三角针不露线迹。

思考与练习

1. 真袖衩款式特点有哪些？
2. 思考在袖口处为什么留1.5cm左右的坐势？
3. 练习真袖衩的制作方法。

第六节　真假袖衩缝制工艺

一、真假袖衩款式图

该款袖衩与真袖衩和假袖衩均有所不同，折边处利用手针暗扦，袖衩的正面钉有装饰纽扣，如图5-6-1所示。

图5-6-1　真假袖衩款式图

二、准备材料

剪裁里子时注意袖口开衩部位的裁法，小袖片袖衩部位比大袖片多出的部分宽为1cm，长为5~6cm；袖的里比面短1cm，如图5-6-2所示。

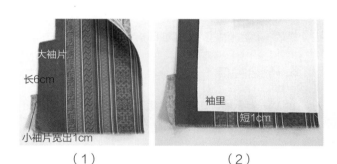

（1）　　　　　　　（2）

图5-6-2　真假袖衩的准备材料

三、制作步骤

1. 烫袖口折边

先在袖口处粘一层薄型有纺衬，之后将大小袖片的袖口折边按照所留的缝头烫到反面，如图5-6-3所示。

2. 缉袖外缝

将大小袖片外缝对齐，袖口比齐，根据放缝缉袖外缝、袖开衩，缝头为1cm，注意袖口折边处的做法，如图5-6-4所示。

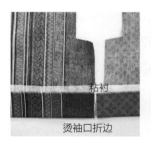

图5-6-3　烫袖口折边　　　图5-6-4　缉袖外缝

3. 扦袖口

（1）在小袖片袖开衩拐角处打一剪口，把外袖缝缝头分开缝烫平；把袖开衩倒向大袖片，将小袖片开衩处长出的缝头折净，并用暗针扦牢，如图5-6-5（1）所示。

（2）利用三角针扦袖口折边，线缉松紧要适宜，针距要一致，在袖片的正面不可露出针迹，如图5-6-5（2）所示。

（3）缉里子袖缝，缝头为1cm，并将袖口折边折进烫平。

（1）　　　　　　　（2）

图5-6-5　扦袖口

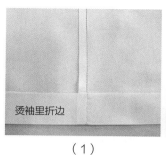
烫袖里折边
（1）

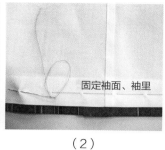
固定袖面、袖里
（2）

图5-6-6　固定袖面、袖里

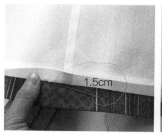
1.5cm
（1）

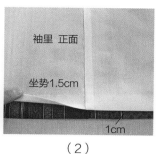
袖里 正面
坐势1.5cm
1cm
（2）

图5-6-7　扦袖里

4．固定袖面、袖里

（1）将袖里的反面与反面相对缝合袖缝，之后将袖口折边烫到反面，如图5-6-6（1）所示。

（2）将袖面与袖里的反面相对，袖外缝与里缝对准，里子离袖口1~1.5cm，与袖片暂时固定，如图5-6-6（2）所示。

5．扦袖里

用暗针扦袖里，注意袖里要有1~1.5cm的坐势，袖里的正面不可露出针迹，如图5-6-7所示。

四、真假袖衩工艺要点

袖衩部位要平；袖片的正面三角针不露线迹；装饰纽扣位置、大小要适当。

思考与练习

1. 真假袖衩款式特点有哪些？
2. 练习真假袖衩的制作方法。

第七节　西服背开衩缝制工艺

一、西服背开衩款式图

在西服或大衣后背缝下端处做一开衩，既能作装饰，又增加活动量；开衩的长短根据衣服的长度来灵活改变，如图5-7-1所示。

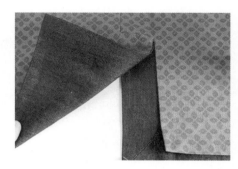

图5-7-1　西服背开衩款式图

二、准备材料

视频5-7-1
西服背开衩1

1. 开衩用衬

长根据开衩长度确定，宽4cm左右，采用较薄的有纺衬。

2. 左、右后衣片

衣里比面短1.5~2cm，如图5-7-2所示。

三、制作步骤

视频5-7-2
西服背开衩2

1. 烫底边贴边

先在底边、开衩处粘有纺衬，既方便操作又防止开衩变形，然后根据贴边和开衩烫出左衣片底边对角线，并修剪缝头，留0.3~0.5cm，如图5-7-3所示。

2. 缉开衩折角

将左衣片底边正面相对，根据熨出的对折线缉开衩折角，止针时留出0.8cm的缝头

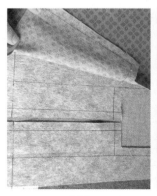
（1）

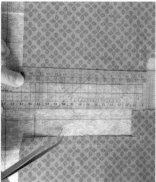
（2）

图5-7-2　左、右后衣片

（1）

（2）

图5-7-3　烫底边贴边

（1）　　　　　　　　　　　　　　　（2）

图5-7-4　缉开衩折角

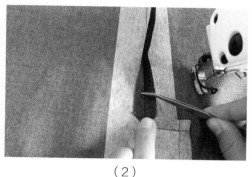

（1）　　　　　　　　　　　　　　　（2）

图5-7-5　缝合衣身后背缝

不缉牢，如图5-7-4（1）所示；之后将缝头分开缝烫平，折角要方正，如图5-7-4（2）所示。

3. 缝合衣身后背缝

（1）将左、右衣片开衩部位长短对齐，根据放缝缉后背缝、开衩上端，要注意止针的位置，止针时留出开衩的缝头不缉牢，如图5-7-5（1）所示。

（2）在右衣片开衩拐角处打一剪口，把后背缝缝头分开缝烫平；背开衩倒向左衣片，如图5-7-5（2）所示。

视频5-7-3
西服背开衩3

4. 缝合衣里后背缝

将左右衣里开衩部位长短对齐，根据放缝缉后背缝、背开衩上端，要注意止针的位置，在右衣片开衩拐角处打一剪口，如图5-7-6所示，把缝头分开缝或倒缝烫平。

5. 缝合开衩

将衣片的正面与里子的正面相对，上下层比齐，

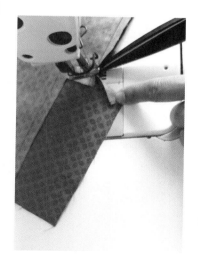

图5-7-6　缝合衣里后背缝

视频5-7-4
西服背开衩4

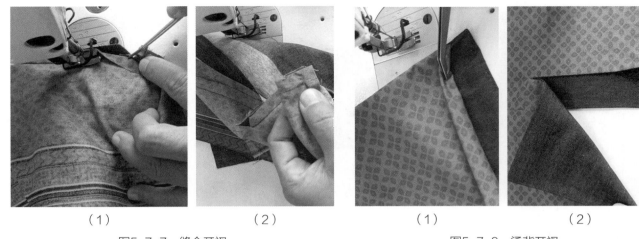

（1）　　　　　　（2）　　　　　　　　　（1）　　　　　　（2）

图5-7-7　缝合开衩　　　　　　　　　图5-7-8　烫背开衩

长度对准，根据划线缝合左右开衩，缉线宽为0.8cm，如图5-7-7所示。

6. 烫背开衩

在衣片的反面，将底边折转摆平，用三角针将底边与衣片固定，注意在衣片的正面不可露出针迹；之后翻到正面烫平，里子要比面短1～1.5cm，并有1.5左右的坐势，以防止衣服起吊，坐势宽度要一致，如图5-7-8所示。

四、西服背开衩工艺要点

袖衩部位要平服；长短一致，折角处要方正，不外翘；在衣片的正面，三角针不露线迹；熨烫平整，无烫痕。

思考与练习

1. 简述在衣服底边处为什么留1.5cm左右的坐势？
2. 练习西服背开衩的制作方法。

第六章

拉链、腰头安装工艺

裙子、裤子、上衣腰节处设置拉链，目的在于解决服装的最小围度与其套进人体的最大围度之间的矛盾，以达到能够穿脱的目的。拉链因使用的位置不同，安装的方法不同，达到的外观效果也不同。

第一节　隐形拉链安装工艺

视频6-1-1
隐形拉链

一、隐形拉链款式图

在衣缝中安装隐形拉链，不影响衣服的外观效果，该拉链在女装中应用较多，如图6-1-1所示。

二、准备材料

隐形拉链1根，长20cm左右。

三、制作步骤

1. 确定拉链的位置

在装隐形拉链的位置画出一定长度，使该长度比拉链短1.5cm，之后将衣片的正面相对缝合衣缝，并将缝头分开缝烫平，如图6-1-2所示。

2. 固定拉链

用熨斗将拉链轻烫，然后用手针将拉链固定在衣片上，缝头与衣片缝头要一致。

3. 绱拉链

（1）利用单边压脚安装拉链，缉线要紧贴拉链的边缘，缉线要顺直、拉链要平服，如图6-1-3（1）、图6-1-3（2）所示。

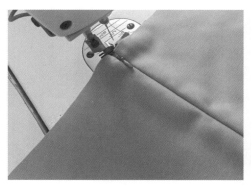

图6-1-1　隐形拉链款式图

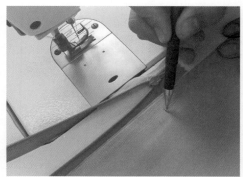

图6-1-2　确定拉链的位置

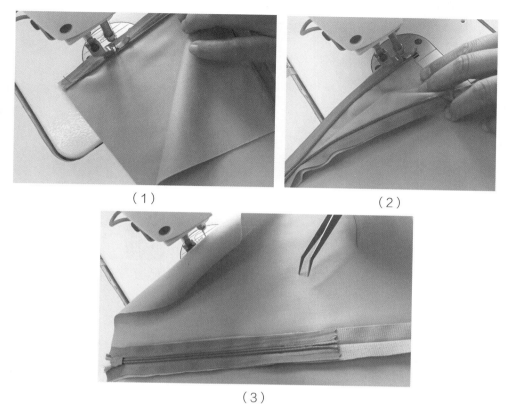

（1）　　　　　　　　　　　　　（2）

（3）

图6-1-3　绱拉链

（2）将拉链从下口轻轻拉出，装好拉链后，衣片要平整、无空隙，拉链开闭自如，如图6-1-3（3）所示。

四、隐形拉链安装工艺要点

拉链的松紧要适宜；衣片密封要严紧，不可露出拉链；条、格面料要左右对称。

思考与练习

1. 隐形拉链的款式特点、用途有哪些？
2. 练习隐形拉链的制作方法。

第二节　裙拉链安装方法一

视频6-2-1
裙拉链安装
方法一1

一、裙拉链款式图

裙拉链的下层垫有里襟，拉上后拉链不外露，该拉链的安装方法在裙子中应用较多，如图6-2-1所示。

二、准备材料

拉链1根，长为18～20cm。里襟长为18～20cm，宽为5～6cm，对折后锁边，如图6-2-2所示。

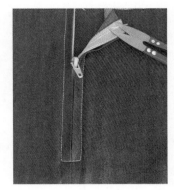

图6-2-1　裙拉链安装方法一
款式图

视频6-2-2
裙拉链安装
方法一2

三、制作步骤

1. 确定拉链的位置

将裙片正面与正面相对缝合，根据拉链的长短留出拉链的位置，安装拉链的部位可粘衬，以防止裙片拉长变形，要注意粘合状态良好；之后将缝头分开缝烫平，为绱拉链做准备，如图6-2-3所示。

2. 固定拉链

将拉链的一侧固定在里襟上，放在左裙片的下层，用手针将其与衣片固定；之后把拉链的另一侧固定在右裙片上，缝头与后中缝头一致。

3. 绱拉链

在裙片的正面，距中心线0.5cm处绱明线，绱右边明线时注意不要绱着里襟。

（1）　　　　　　（2）

图6-2-2　拉链、里襟

（1）　　　　　　（2）

图6-2-3　确定拉链的位置

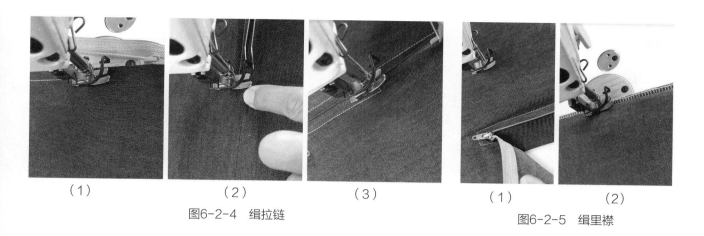

（1）　　　　　（2）　　　　　（3）

图6-2-4　缉拉链

（1）　　　　　（2）

图6-2-5　缉里襟

完成后的拉链不可露出牙齿，表面要伏贴、美观，不可出现里紧外松的现象，如图6-2-4所示。

4. 缉里襟

在裙片的反面，将里襟放在拉链下面摆平，沿着里襟锁边一侧缉缝，并固定里襟另一侧，如图6-2-5所示。

四、裙拉链安装工艺要点

拉链不外露、平服、松紧一致；拉链处裙片的长短一致。

思考与练习

1. 怎样使拉链不外露、平服？
2. 练习裙拉链的制作方法。

第三节　裙拉链安装方法二

一、款式图

拉链的下层垫有里襟，拉上后拉链不外露，该拉链的安装方法在裙子中应用较多，如图6-3-1所示。

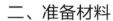

视频6-3-1
裙拉链安装
方法二1

图6-3-1　裙拉链安装方法二款式图

二、准备材料

拉链1根，长为18~20cm。里襟：长为18~20cm，宽为5~6cm，对折后锁边，如图6-3-2所示。

视频6-3-2
裙拉链安装
方法二2

三、制作步骤

1. 确定拉链的位置

将裙片正面与正面相对缝合，根据拉链的长度留出拉链的位置，安装拉链的部位可粘衬，以防止裙片拉长变形，要注意粘合状态良好；之后将缝头分开缝烫平，为绱拉链做准备，如图6-3-3所示。

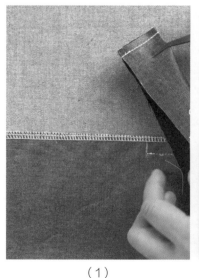

（1）　　　　　　　　　　　　　　（2）

图6-3-2　里襟

2. 固定拉链

将拉链的一侧固定在里襟上，放在左裙片的下层，用手针同衣片固定；之后把拉链的另一侧固定在右裙片上，缝头与后中缝头一致。

3. 缉拉链

在裙片的正面，左侧缉0.1cm宽的明线，右侧缉1cm宽的明线，连同拉链一起缝合。完成后的拉链不可露出牙齿，表面要平服、美观，不可出现里紧外松的现象，如图6-3-4所示。

4. 缉里襟

在裙片的反面，将里襟放在拉链下面摆平，沿着里襟锁边一侧缉缝，并固定里襟另一侧，如图6-3-5所示。

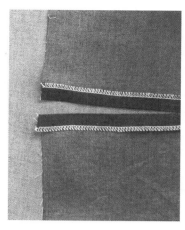

图6-3-3　确定拉链的位置

四、裙拉链安装工艺要点

拉链不外露、上下层平服、松紧一致；拉链处裙片的长短一致。

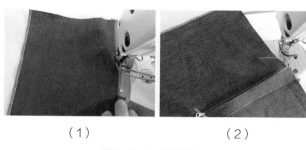

（1）　　　　　（2）

图6-3-4　缉拉链

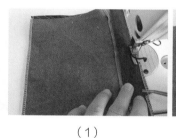 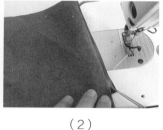

（1）　　　　　（2）

图6-3-5　缉里襟

思考与练习

1. 思考怎样使拉链不外露、平服？
2. 练习裙拉链的制作方法。

第四节　裤拉链安装方法一

视频6-4-1
裤拉链安装
方法一1

一、裤拉链款式图

通常在裤片的前裆缝处安装一拉链，拉链下垫一里襟，左裤片下层有一门襟贴边，如图6-4-1所示。

二、准备材料

图6-4-1　裤拉链安装方法一款式图

拉链，长为18～22cm；里襟，长为20～22cm，宽为6～7cm，对折后将止口锁边；门襟贴边，长为20cm左右，宽为3.5～4cm。门襟贴边需反面粘衬，这样表面便不起皱，外弧线三线锁边，如图6-4-2所示。

视频6-4-2
裤拉链安装
方法一2

三、制作步骤

1. 缉门襟贴边

（1）将左裤片的正面与门襟贴边的正面相对缉合门襟贴边，缉线宽1cm，如图6-4-3（1）所示。

（2）为了防止门襟贴边反吐，将缝头倒向门襟贴边方向烫平，注意不要出现亮光和焦黄现象；在门襟贴边止口处暗缉0.1cm的明线，如图6-4-3（2）所示。

2. 缉门襟贴边明线

（1）将门襟贴边与拉链的位置摆正，拉链的反面朝上，把拉链的一边缉在门襟贴边上，注意拉链离门襟贴边明线宽0.6～1cm，如图6-4-4（1）所示。

（2）在左裤片正面缉2.5～3cm宽的明线，如图6-4-4（2）所示。在拐弯处将拉链放平，不要缉着拉链下口；线迹宽窄要一致、美观，面、里平服。

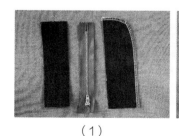
（1）

（2）

图6-4-2　准备拉链、里襟等

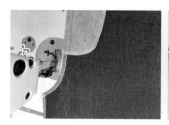
（1）

（2）

图6-4-3　缉门襟贴边

（1）　　　　　　　　（2）

图6-4-4　缉门襟贴边明线

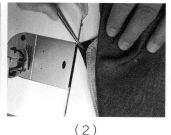

（1）　　　　　　　　（2）

图6-4-5　绱里襟

3．绱里襟

第一步：将拉链的正面朝上，右裤片前裆缝头熨折的反面；把拉链放在右裤片的下层，在右裤片的正面缉0.1cm的明线，如图6-4-5（1）所示，注意缝头与小裆缝头自然连接。第二步：将里襟放在右裤片下面，缝合里襟包边一侧，并固定另一侧，如图6-4-5（2）所示。注意里襟不能有链形，与拉链的松紧要适宜，线迹要顺直。

4．缉小裆明线

将左右裤片小裆缝摆平，正面相搭，上下层缝头比齐，在左裤片缉缝0.1cm的明线，如图6-4-6所示。注意不要将小裆拉变形，折转的封头宽窄要一致。

图6-4-6　缉小裆明线

四、裤拉链安装工艺要点

拉链的松紧要适宜；裤片密封要严紧，不可露出拉链；条、格面料要左右对称；正面的明线要圆顺，熨烫要平整，不可有烫痕。

思考与练习

1. 思考怎样使拉链不外露、平服？
2. 练习裤拉链的制作方法。

第五节　裤拉链安装方法二

一、款式图

在裤片的前裆缝处安装一拉链，拉链下垫一里襟，左裤片下层有一门襟贴边，如图6-5-1所示。

视频6-5-1
裤拉链安装
方法二1

二、准备材料

拉链，长为18～22cm；里襟，长为20～22cm，宽为6～8cm，对折后将止口锁边；门襟贴边，长为20cm左右，宽为3.5～4cm。门襟贴边反面粘衬，表面不可起皱，外弧线锁边，如图6-5-2所示。

视频6-5-2
裤拉链安装
方法二2

三、制作步骤

1. 绱里襟

（1）将拉链的正面朝上固定在里襟上，注意里襟不能有链形，与拉链的松紧要适宜，线迹要顺直，如图6-5-3（1）所示。

（2）根据拉链的长度，将右裤片前裆缝头熨折到反面；把拉链、里襟放在右裤片的下层，在右裤片的正面绱0.1cm的明线，要注意止针的位置；之后在止针处打0.8cm深的剪口，把小裆缝头放平，如图6-5-3（2）所示。

2. 绱门襟贴边

（1）将左裤片的正面与门襟贴边的正面相对绱合门襟贴边，绱线宽1cm，如图

图6-5-1　裤拉链安装方法二款式图

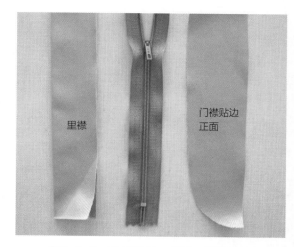

里襟　　门襟贴边正面

图6-5-2　准备拉链、里襟、门襟贴边

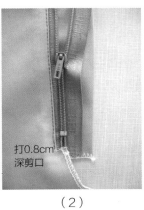

（1）　　　　　　　　（2）

图6-5-3　绱里襟

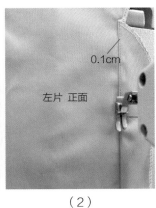

（1）　　　　　　　　（2）

图6-5-4　缉门襟贴边

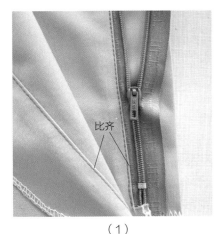

（1）　　　　　　　　（2）

图6-5-5　缝合裆缝

6-5-4（1）所示。

（2）为了防止门襟贴边反吐，将缝头倒向门襟贴边方向烫平，注意不要出现亮光和焦黄现象；在门襟贴边止口处暗缉0.1cm的明线，如图6-5-4（2）所示。

3. 缝合裆缝

将左右裤片的正面相对，上下层比齐缝合裆缝，缝头为1cm宽，起针位置在右裤片剪口处，如图6-5-5所示。

4. 门襟贴边与拉链

将门襟贴边与拉链的位置摆正，把拉链的另一边缉在门襟贴边上，注意拉链离门襟贴边明线0.6cm宽，如图6-5-6所示。

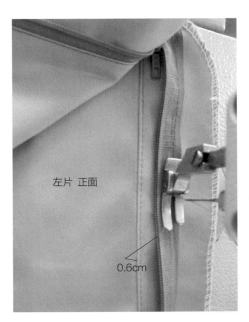

图6-5-6　门襟贴边与拉链

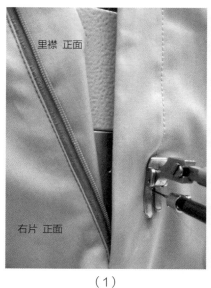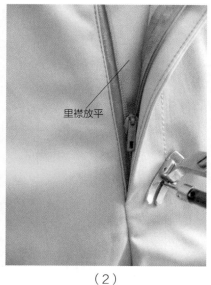

里襟 正面

右片 正面

里襟放平

（1）　　　　　　　　　　　（2）

图6-5-7　缉明线

5. 缉明线

在左裤片正面缉2.5~3cm宽的明线，缉明线上段时将里襟移开，如图6-5-7（1）所示；在拐弯处将里襟下端放平，与里襟一起缉合小裆，封小裆时可用缝纫机缉来回针，也可用套结机打套结，或者用手工针打套结。线迹宽窄要一致，应整齐美观，面、里平服，如图6-5-7（2）所示。

四、裤拉链安装工艺要点

拉链的松紧要适宜；衣片密封要严紧，不可露出拉链；条、格面料要左右对称；衣片正面的明线要圆顺，封三角要牢固。

思考与练习

1. 思考怎样使拉链不外露、平服？
2. 练习裤拉链的制作方法。

第六节　直腰头安装工艺

一、直腰头款式图

直腰头是男、女裤腰头的基本款式，工艺简单；腰头部分是由两层面料折叠而成，或由两片面料拼接而成，为直条式，如图6-6-1所示。

二、准备材料

1. 腰头用布

长为腰围+里襟宽+2cm（缝头）；宽为腰头净宽×2+2cm（缝头）。

2. 腰头衬

可采用无纺衬，大小同腰头。

3. 裤袢

长为8cm左右，净宽0.8～1cm，毛宽3.2～4cm，如图6-6-2所示。

视频6-6-1
直腰头1

视频6-6-2
直腰头2

视频6-6-3
直腰头3

三、制作步骤

1. 做腰头

第一步：先将腰衬（无纺衬）粘在腰头的反面，注意腰衬要放正，保证腰面、腰里的形状，丝道要顺直。第二步：将腰面缝头烫折到反面，再烫出腰头净宽，腰面方向要烫平，在腰里的反面，根据净腰宽画样，如图6-6-3所示。

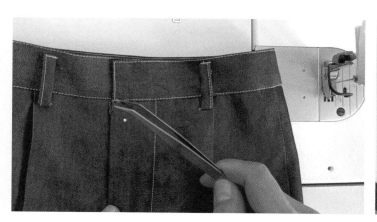

图6-6-1　直腰头款式图

图6-6-2　裤袢

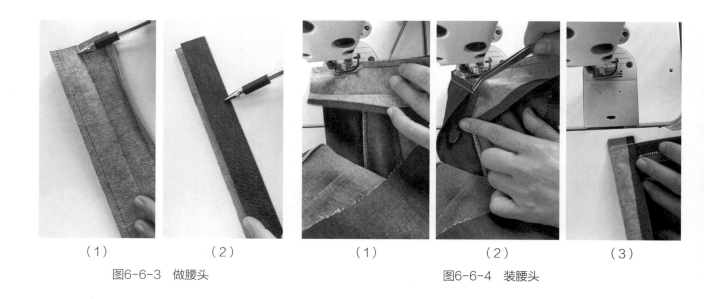

（1）　　　　　　　（2）

图6-6-3　做腰头

（1）　　　　　（2）　　　　　（3）

图6-6-4　装腰头

2．装腰头

先核对裤片腰围尺寸是否符合规格要求。

（1）腰面的对裆标记对准腰口对应位置，腰头在上，裤身在下，腰里的正面与裤子的反面相对，缝头对齐，从里襟开始向门襟方向；腰头可略紧些，如图6-6-4（1）所示。起止针时，腰头两端留处0.8～1cm宽的缝头，如图6-6-4（2）所示。

（2）将腰面、腰里正面相叠，缝合腰头两端，注意上下层宽窄一致，里外均匀，如图6-6-4（3）所示。

3．压缉腰头

将腰面翻到正面，上下层摆平，沿腰头一周缉0.1cm的明线；压缉腰面下口时，裤袢按规定位置放入，边装腰头边塞进，一同固定；注意下层腰里带紧，防止腰面起链，腰头两端的缝头要向内折转整齐，如图6-6-5所示。

裤袢位置：

男裤：从左到右，第一根串带袢位于前裥上，第二根位于前片侧缝止口上，第四根位于后缝居中，第三根位于第二根和第四根中间，右面第三根与左面位置对称。

女裤：从左到右，第一根串带袢位于前裥上，第三根位于后缝居中，第二根位于第一根和第三根中间，右面第二根与左面位置对称。

4．固定裤袢

裤袢下口离腰头0.8cm处来回针封牢；上口与腰口平齐，向下0.6～0.8cm，来回缉线4～5道，将其封牢，如图6-6-6所示。

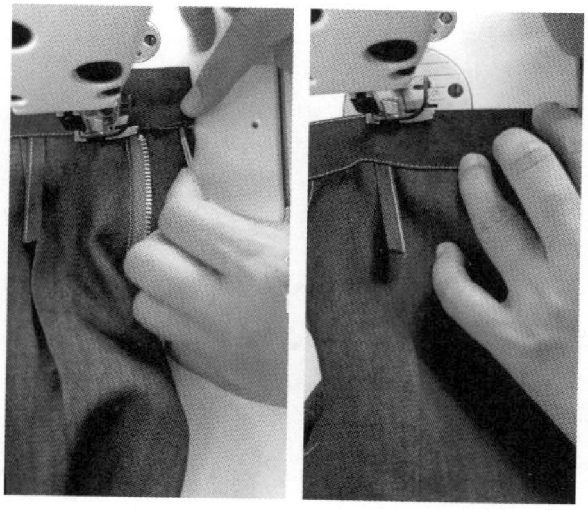

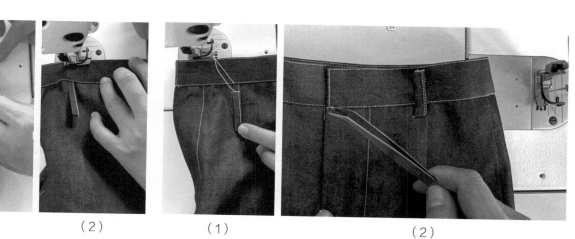

（1）   （2）

图6-6-5 压缉腰头

（1）   （2）

图6-6-6 固定裤袢

5. 锁眼、钉扣

先确定好纽眼的位置，离止口1.2cm，眼大按纽扣直径长短放0.1cm。确保针脚整齐，表面平整，不露衣服毛丝，平头要方正。钉扣线可用单线，也可用双线，两孔纽扣的缝线可是"一"字形，四孔纽扣的缝线可是平行"二"字形、交叉形或"口"字形，与纽眼的位置要对应。

四、直腰头工艺要点

规格准确、用料正确；腰头宽窄一致，里面平服；明缉线顺直，不吃不伸；裤袢位置正确、牢固；熨烫平整，外观整洁。

思考与练习

1. 简述直腰头的款式特点。

2. 压缉腰头明线时应注意什么？

3. 练习直腰头的制作安装方法。

第七节　弧形腰头安装工艺

一、弧形腰头款式图

弧形腰头是女裤腰的常见款式，工艺比较复杂；腰头部分是由腰里、腰面两层面料拼接而成；左右两侧腰面、腰里处有拼接，与侧缝对位；外形为腰头上口比腰头下口短的弧线形，如图6-7-1所示。

二、准备材料

1. 腰头用布

腰里、腰面根据净样板一周放缝0.8～1cm，腰面、腰里各3片。

2. 腰头衬

可采用无纺衬，大小同腰头。

三、制作步骤

1. 做腰头

（1）核对样板。后裆缝与样板中点对准，前后片腰口与样板一致；特别是前裤片，门、里襟处，右腰头比左腰头应长出2.5～3cm（里襟宽），如图6-7-2所示。

（2）烫衬、划样。先将腰衬（无纺衬）粘在腰面、腰里的反面，注意腰衬要放正，保证腰面、腰里的形状；之后按照样板划样，如图6-7-3所示。

（3）拼接前后腰头。依据划样拼接前后腰头，要特别注意，腰面、腰里的长短、形状要一致，起止针打来回针，如图6-7-4（1）所示；之后将拼接缝分开缝烫平，如图6-7-4（2）所示。

（4）缝合腰头上口。将腰面、腰里正面相对缝合腰头上口，前后腰头拼接缝要对准；之后将其分开缝烫平，如图6-7-5所示。

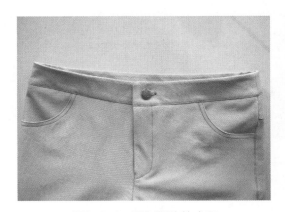

图6-7-1　弧形腰头款式图

（1）　　　　　　　（2）

图6-7-2　核对样板

图6-7-3　烫衬、划样

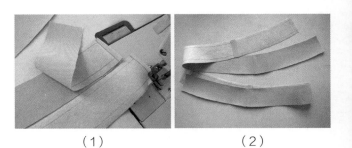

（1）　　　　　　　（2）

图6-7-4　拼接前后腰头

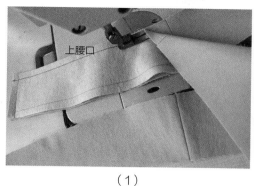

（1）　　　　　　　　　　　　　　（2）

图6-7-5　缝合腰头上口

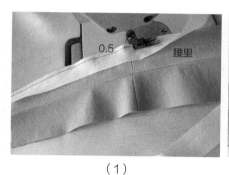
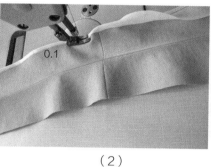
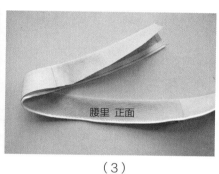

（1）　　　　　　　　（2）　　　　　　　　（3）

图6-7-6　滚边

（5）滚边。将滚条正面与腰里下口的正面相对，按照0.5cm的宽度绱合，之后翻转滚条，包紧腰里的边缘，在正面滚边上绱0.1cm清止口，也可在滚边外口绱0.1cm的线，形成双止口，如图6-7-6所示。

2. 绱腰

在绱腰之前要对以下部件进行核对：

（1）核对腰围尺寸是否符合裁剪规格。

（2）核对腰头尺寸是否与腰口尺寸相吻合，然后留出1cm宽缝头，画顺腰口线。

（3）检查两侧袋口结子的高低是否一致。

（4）检查侧开口门襟、里襟长短是否合适。

① 将腰面正面与裤片正面相对，腰头拼接处对准侧缝，平缝1cm宽，要求腰口平服，左右对称，如图6-7-7所示。

② 将腰头正面相对绱两端，绱线要顺直，两绱线长短一致，如图6-7-8所示。

图6-7-7　绱腰　　　　　　　　　图6-7-8　绱腰头两端

（1）　　　　　　　（2）

图6-7-9　固定腰头上下层

（1）　　　　　　　（2）

图6-7-10　锁眼、钉扣

③ 先将腰头缝头倒向腰面，将腰头翻到正面，角要方正；之后，在腰头下口缉0.1cm的明线固定腰头上下层，如图6-7-9所示。

3. 锁眼、钉扣

锁扣眼：锁眼时，先在衣服上按纽扣直径长短放0.1cm画好位置，沿粉线剪开，剪成"I"形平头眼，然后在离剪口0.3cm处锁眼，由里向外，针距为0.15cm，抽针时将线向上方倾斜45°拉紧、拉整齐；从左到右锁完一周后在尾部打结，然后将线头引入夹层内。

钉纽扣：要与扣眼对齐。纽扣每孔四根线，0.3cm线脚、钉线要牢固，确保扣子系好后要平服，如图6-7-10所示。

四、弧形腰头工艺要点

规格准确、用料正确；腰头宽窄一致，里面平服，无链形；腰里滚边均匀；熨烫平整，无烫痕，外观整洁。

思考与练习

1. 简述弧形腰头的款式特点。
2. 绱腰时应注意什么？
3. 练习弧形腰头的制作安装方法。

第七章

领子缝制与安装工艺

　　领子的基本型包括领子和领口两个方面，领口起着决定领子空间造型的作用，决定着领子底口的相应围度，任何款式的领子都要绱于领口后，才能验证其合体程度及外观效果。领子形式的变化具有敏感性，有着影响整体的意义，一件上衣的领子款式，往往成为整体衣服的款式特征。服装衣领的款式繁多，可分为无领型、翻领型、立领型、驳领型及变化型，领型不同其工艺也有所不同。

第一节　贴边无领缝制工艺

视频7-1-1
贴边无领1

一、贴边无领款式图

　　贴边无领是直接在衣身领窝上加贴边，不改变领窝的形状。常见的有鸡心形、圆形、方形等，在女装、童装中应用较多，如图7-1-1所示。

二、准备材料

视频7-1-2
贴边无领2

　　领贴边：与领口的形状一致，宽3～4cm，如图7-1-2所示。

三、制作步骤

1. 缝合肩缝

　　（1）将前后衣片的正面相对缝合肩缝，缝头为0.8～1cm，缝合时前衣片放在上

图7-1-1　贴边无领款式图

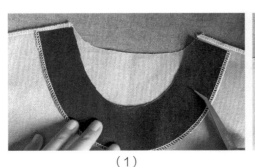

（1）

（2）

图7-1-2　领贴边

层，后衣片放在下层；之后将缝头分开缝烫平，如果面料较薄，将前后肩缝一起锁边，缝头倒向后衣片烫平，如图7-1-3（1）所示。

（2）将前后贴边的正面相对缝合肩缝，缝头为0.8~1cm，之后分开缝烫平，如图7-1-3（2）所示。

2. 缝合领口

（1）将贴边的正面与衣身的正面相对缉合领口，注意缉线要圆顺，符合领口的形状，在肩缝、领中处对位，领口不可偏斜，如图7-1-4（1）所示。

（2）为了防止领口贴边反吐，将缝头倒向贴边方向，沿贴边缉0.1cm的明线，线迹要圆顺，不可有漏缉现象，如图7-1-4（2）所示。

3. 烫领口

将领口贴边翻到衣身的反面，把领口放在铁凳上或布馒头上烫平，熨烫时要掌握好熨斗的温度，不可出现亮光，如图7-1-5所示。

4. 扦领口贴边

利用手针将领口贴边扦在衣片上，注意在衣片的正面不露针迹，贴边的松紧与衣片要适宜。

四、贴边无领缝制工艺要点

贴边要平服，与衣片的松紧适宜；领口要圆顺，明缉线整齐、顺直；熨烫平整，领口不变形。

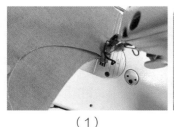

（1）　　　　　　（2）

图7-1-3　缝合肩缝

（1）　　　　　　（2）

图7-1-4　缝合领口

图7-1-5　烫领口

思考与练习

1. 怎样使领贴边不外露、平服？
2. 以该款领型的缝制方法为依据进行设计训练。

第二节　滚边无领缝制工艺

一、滚边无领款式图

　　滚边无领是利用滚边条直接在衣身领圈上包边，是衣领的基础款式，简单直观，常见的有鸡心形、圆形等，在女装、童装中应用较多，如图7-2-1所示。

视频7-2-1
滚边无领

二、准备材料

　　领滚边条：长比领围短1cm，宽3.5~4cm，采用斜丝道；将一侧缝头烫折到反面，如图7-2-2所示。

三、制作步骤

1. 缝合肩缝

　　将前后衣片的正面相对缝合肩缝，缝头为0.8~1cm，缝合时前片放在上层，后

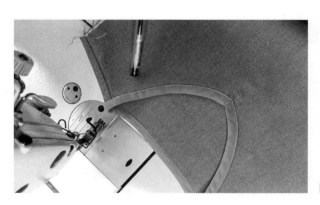

图7-2-1　滚边无领款式图

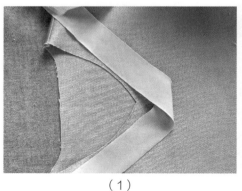

（1）

（2）

图7-2-2　领滚边条

衣片放在下层；之后将缝头分开缝烫平，如果面料较薄，将前后肩缝一起锁边，缝头倒向后衣片烫平，如图7-2-3所示。

2. 缝合领口

（1）将滚边条的正面与衣身的反面相对绲合领口，在前领中前后5cm处，稍稍将滚边条拉紧，可使领口伏贴，防止领口变形；注意绲线要圆顺，缝头宽窄一致，符合领口的形状，不可偏斜，如图7-2-4（1）所示。

（2）按照0.5cm的缝头拼接滚边条，拼接处与肩缝对位，如图7-2-4（2）所示。

3. 压领口明线

将滚边条翻到衣身的正面，沿烫折边绲0.1cm的明线，明线要均匀、顺直；在前领中点处，将"V"形领多余的量绲缝，缝线为2~3道重叠线，如图7-2-5所示。

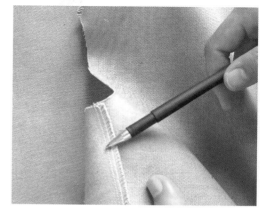

图7-2-3　缝合肩缝

四、滚边无领缝制工艺要点

贴边要平服，与衣片的松紧适宜；领口要圆顺，滚边条宽窄一致，明绲线整齐、顺直；确保熨烫平整，领口不变形。

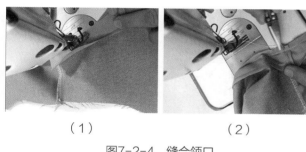

（1）　　　　　　　　（2）

图7-2-4　缝合领口

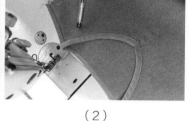

（1）　　　　　　　　（2）

图7-2-5　压领口明线

思考与练习

1. 绲缝滚边条时，怎样使领口伏贴？
2. 以该款领型的缝制方法为依据进行设计训练。

第三节　暗滚边无领缝制工艺

一、暗滚边无领款式图

暗滚边无领是直接在衣身领圈上滚边，滚边条在领口的反面，是滚边无领的变化款式，简单直观；常见的有圆形，在女装、童装中应用较多，如图7-3-1所示。

视频7-3-1
暗滚边无领

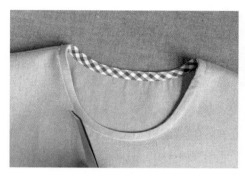

图7-3-1　暗滚边无领款式图

二、准备材料

领滚边条：长比领围短1cm，宽3.5～4cm，采用斜丝道；一侧将缝头烫折到反面，如图7-3-2所示。

三、制作步骤

1. 缝合肩缝

（1）将前后衣片的正面相对缝合肩缝，缝头为0.8～1cm，缝合时前片放在上层，后衣片放在下层；之后将缝头分开缝烫平，如果面料较薄，将前后肩缝一起锁边，缝头倒向后衣片烫平，如图7-3-3（1）所示。

（2）将滚条边的正面相对缝合，缝头为0.6cm左右，之后分开缝烫平，如图7-3-3（2）所示。

2. 缝合领口

（1）将滚条边的正面与衣身的正面相对绱合领口，注意绱线要圆顺，符合领口的形状，领口不可偏斜，如图7-3-4（1）所示。

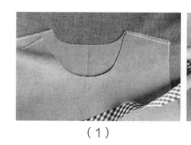

（1）　　　　　　（2）

图7-3-2　准备材料

（1）　　　　　　（2）

图7-3-3　缝合肩缝

（2）为了防止领口滚边条反吐，将缝头倒向滚边条方向，沿外口边缉0.1cm的明线，线迹要圆顺，不可有漏缉现象，如图7-3-4（2）所示。

（3）将滚边条摆平，沿里口边缉0.1cm的明线，滚边条不可有链形，宽窄要一致，如图7-3-4（3）所示。

3. 烫领口

把领口放在铁凳上或布馒头上烫平，领口要圆顺、伏贴，不可有变形现象；熨烫时要掌握好熨斗的温度，不可出现亮光。

四、暗滚边无领缝制工艺要点

贴边要平服，与衣片的松紧适宜；领口要圆顺，滚边条宽窄一致，明缉线整齐、顺直；熨烫平整，领口不变形。

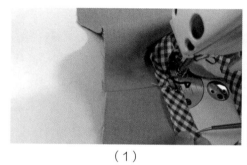
（1）

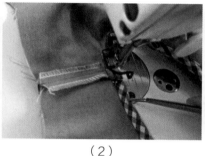
（2）

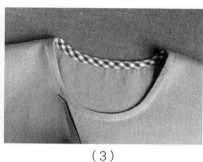
（3）

图7-3-4 缝合领口

思考与练习

1. 怎样使领滚边条不外露、平服？
2. 以该款领型的缝制方法为依据进行设计训练。

第四节　翻领缝制与安装

视频7-4-1
翻领1

一、翻领款式图

把底领与翻领合为整片，并通过折翻显示底领与翻领的外形，领角度及领下角的尖、方、圆的变化丰富，该领型在女式衬衫上应用较多，如图7-4-1所示。

二、准备材料

领面，根据样板一周放缝1cm，如果面料较薄，在领面的反面粘衬；领里，根据样板一周放缝1cm，采用斜丝道。

三、制作步骤

视频7-4-2
翻领2

1. 缉领

在领里的反面画样，之后把领片正面相对，领面放在最下层，根据画好的领样缉合领子，在领角处不可缺针与过针，领面要留0.3cm左右的松量，使之产生自然的窝势，要做到领角不外翘，如图7-4-2所示。

2. 烫领

将领子翻到正面烫平、烫煞，领里不可外露，领面要有0.1cm的坐势，可根据款式的需要在外领口处缉明线。烫好后将领头对折，校正领头两端的长短并修齐，在领片下领口做好左、右肩缝的对位，如图7-4-3所示。

视频7-4-3
翻领3

3. 绱领

（1）从左襟起针，将挂面按止口折转，衣片的正面相对，绱领点对准，领面的正面朝上，夹在衣片与挂面的中间，领角与领圈的缝头并齐，挂面、领面、领里、衣片一起缉合，缝头为0.8cm，如图7-4-4（1）所示。

图7-4-1　翻领款式图

图7-4-2　缉领

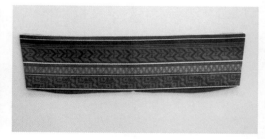

图7-4-3　烫领

（2）离挂面1cm处，挂面、领面、领里、衣片上下五层一起打剪口，剪口深为0.7cm，如图7-4-4（2）所示。

（3）将挂面与领面向上掀起，缉领里与衣片两层，缝头为0.8cm，吃势要均匀，注意在肩缝、后中处领片对位点要正确，左右肩缝倒向后衣身，如图7-4-4（3）所示。领子右边的绱法同左，要注意左、右衣片两边的搭门要对称，领角长短要一致，如图7-4-4（4）所示。

（4）将衣片、领片摆正，在挂面剪口处，把领圈缝头向领片方向折净，领面盖没缉线，如图7-4-4（5）

所示。在领面的下领口缉0.1cm的明线，缉线从眼刀部位开始，不要缉牢领里，不可有漏缉现象。起止针要回针缉牢，左右肩缝和领中不可偏斜，领面不可出现链形，如图7-4-4（6）所示。

四、翻领工艺要点

搭门左右对称；领面、领里的松紧要一致；领角左右两边要对称，相差不大于0.2cm；明缉线要均匀、整齐。

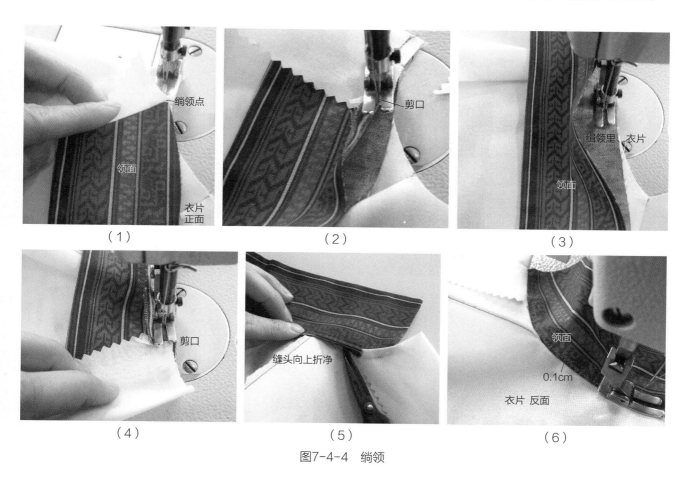

（1）　　　　（2）　　　　（3）

（4）　　　　（5）　　　　（6）

图7-4-4　绱领

思考与练习

1. 怎样使领头不外翘、伏贴？
2. 练习翻领的制作、安装方法。
3. 以该款领型的缝制方法为依据进行设计训练。

第五节　袒领缝制与安装

视频7-5-1
袒领1

一、袒领款式图

袒领是把底领与翻领合为整片，翻折线同领口的形状，底领高1cm。领头角度及领下角的尖、方、圆的变化丰富，该领型在童装上应用较多，如图7-5-1所示。

二、准备材料

领面，根据样板一周放缝1cm，如果面料较薄，在领面的反面粘衬；领里，根据样板一周放缝1cm，采用斜丝道；45°斜条布，长为领大+3cm，宽3cm。

视频7-5-2
袒领2

三、制作步骤

1. 缉领

（1）在领里的反面画样，之后将领片正面相对，领面放在最下层，根据画好的领样缉合领子，在领角处不可缺针与过针，要留有0.3cm左右的松量，使之产生自然的窝势，要做到领角不外翘，领面不可有链形。

（2）将领子翻到正面烫平，领面比领里多出0.1cm，在领子下口画出肩缝、领后中对位点，根据款式的需要外领口可缉明线，如图7-5-2所示。

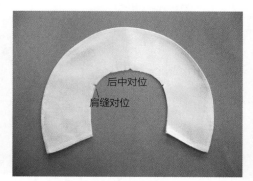

图7-5-1　袒领款式图　　　　　　　　图7-5-2　缉领

2. 绱领

绱领的方向从左至右，将挂面与衣片的正面相对，领面的正面朝上夹在中间，在绱领点处放入领子；离挂面1~1.5cm处将斜条布对折放入；将斜条布、挂面、领面、领里、衣片一起缉牢，如图7-5-3所示。

3. 压明线

为了使领口圆顺、整齐、美观，减少领口的厚度，要修剪领口缝头，留0.3cm，如图7-5-4（1）所示。之后将衣片摆平，斜条布向下折转，沿着止口缉0.1cm

的明线，注意不可有漏针现象，如图7-5-4（2）所示。

四、袒领工艺要点

（1）领子要平服，领角不外翘。

（2）领底圆顺，明缉线整齐、无跳线、浮线现象。

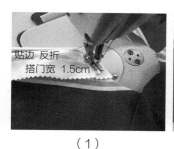（1）　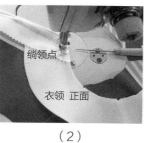（2）　（3）　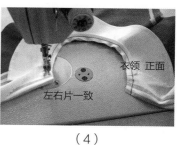（4）

图7-5-3　绱领

（1）　（2）

图7-5-4　压明线

思考与练习

1. 怎样使领头不外翘、平服？

2. 安装袒领时应注意什么？

3. 以该款领型的缝制方法为依据进行设计训练。

第六节　立翻领缝制与安装

视频7-6-1
立翻领1

一、立翻领款式图

立翻领是在立领的基础上，另加翻出的外领形式，折翻出的外圈领称外翻领，而处于内圈的立领称为底领，该领型在男、女衬衫上应用较多，如图7-6-1所示。

二、准备材料

1. 领面

根据样板一周放缝1cm，为直丝道。

2. 领里

根据样板一周放缝1cm，为直丝道。

3. 领衬

领面用衬大小同衣领净样，采用树脂衬；领里用衬采用薄型有纺衬，根据样板一周放缝1cm。

图7-6-1　立翻领款式图

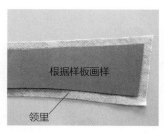

图7-6-2　粘领衬

视频7-6-2
立翻领2

三、制作步骤

1. 粘领衬

领面与领衬利用熨斗热处理，温度为110~140℃，时间为10~15s；之后在领里的反面粘衬，并根据样板画样，如图7-6-2所示。

2. 做领

（1）缉底领下口虚线：根据样板将底领下口的缝头烫折到反面，不可凹进凸出，沿着烫折线缉0.4cm的虚线。根据样板将底领上口的形状画出，标出绱领点，上口留出0.7cm的缝头，如图7-6-3所示。

图7-6-3　缉底领下口虚线

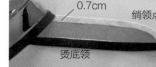

（1）

（2）

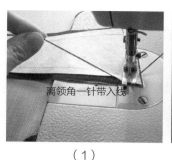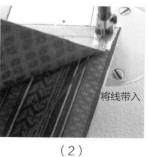

离领角一针带入线

将线带入

（1）　　　　　　　　　　（2）

图7-6-4　缉合上领

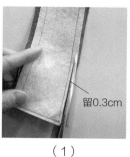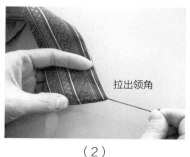

留0.3cm

拉出领角

（1）　　　　　　　　　　（2）

图7-6-5　翻、烫上领

（2）缉合上领：根据领样板在外翻领里的反面画样，将外翻领正面相对，根据画好的领样缉合上领，起落针回针缉牢，注意在离领角一针处带入线，之后将线放在领面与领里的中间，如图7-6-4所示。

（3）翻、烫上领：为了减少外领口的厚度，避免熨烫时出现亮光，要修剪外领口的缝头，留0.3～0.5cm，如图7-6-5（1）所示，之后用线将领角轻轻拉出，领尖要翻足，两尖大小一致，如图7-6-5（2）所示。

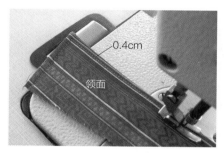

0.4cm

领面

图7-6-6　缉上领明线

（4）缉上领明线：将外翻领烫平，领面要有0.1cm的坐势，领里不反吐，领外口顺直，对合检查，左右对称，在上领的边缘缉0.4cm的明线，在领两头1/3处不可接线，明线要整齐，宽度不定，可根据领的形状、工艺、规定自行设计。操作时要把领面向前推送，严防领面起泡、起皱，如图7-6-6所示。

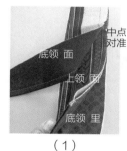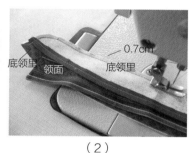

中点对准

底领面

上领面

底领里

底领里　领面　底领里

0.7cm

（1）　　　　　　　　　　（2）

图7-6-7　缝合上下领

（5）缝合上下领：先修外翻领下口，留缝头0.7cm，做出对位标记，如图7-6-7（1）所示；将外翻领的领面朝上，放在下领（底领）的面、里中间，绱领点左右对准缉合上下领。下层领片不可有吃势，中间眼刀三层对准，缝头宽窄要均匀，不可有跳针或浮线的现象，起落针回针缉牢，如图7-6-7（2）所示。

（6）缉明线：先修剪底领领头缝头，留0.3cm左

右，用拇指顶住圆头缉线将圆头翻足，将上下领烫平，缝头要烫平、烫煞，止口不反吐，中间无坐缝，如图7-6-8（1）所示；在上下领的连接处缉0.1cm的明线，起止针离绱领点1cm，反面不可有坐缝和漏缉，如图7-6-8（2）所示。

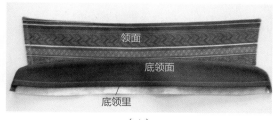

领面

底领面

底领里

0.1cm

（1）　　　　　　　　　　（2）

图7-6-8　缉明线

3. 绱领

（1）绱领前先修剪下领口缝头，大小同领圈缝头，为0.8cm，之后将衣片的正面朝上与底领相对，绱缝0.8cm，注意在肩缝、衣片后中处要对位，为了防止领头处有反吐现象，起止针时领头要比衣片吐进0.1cm。领圈中途不可拉还或归拢，起落手回针绱牢，如图7-6-9（1）所示。

（2）将绱领缝头倒向底领，在底领的下口缉0.1cm的明线，明线的起止针与底领上口明线相连，中途缉线不可缉牢下领夹里。翻好后底领领角要伏贴，两头要塞平，如图7-6-9（2）、图7-6-9（3）所示。

四、立翻领工艺要点

领里、领面伏贴，不起皱，粘衬不透胶；领子左右对称，底领领头处要圆顺。

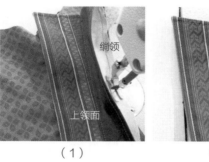
（1）

（2）

（3）

图7-6-9　绱领

思考与练习

1. 怎样使领头不外翘、伏贴？
2. 练习立翻领的制作、安装方法。
3. 简述立翻领的安装方法。
4. 以该款领型的缝制方法为依据进行设计训练。

第七节 立领缝制与安装方法一

一、立领款式图

立领也称企领，属于关领类，款式简洁、结构简单、造型严谨朴实，较贴合人体颈形，变化较少，只是前、后领宽的变动及前领角的变化，主要用于学生装、中式上衣及旗袍中，如图7-7-1所示。

二、准备材料

领面，根据样板一周放缝1cm，领衬的大小同领面。领里，根据样板一周放缝1cm，采用直丝道，领衬的大小同领里。

三、制作步骤

1. 做领

（1）在领里的反面粘有纺衬并根据样板画样。

（2）根据样板烫立领下口，将缝头折转包紧、烫干，如图7-7-2（1）所示。

（3）将领面与领里的正面相对，根据画好的领样绱领；之后修剪领外口的缝头，留0.3cm；把领翻到正面烫平、烫干，领面有0.1cm的坐势，如图7-7-2（2）所示。

图7-7-1 立领一款式图

（1）

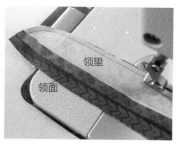

图7-7-2 做领

（2）

2. 绱领

（1）将衣片的正面与领面相对绱领，缝头为0.8cm，起落针时领头缩进0.1cm，右手拿领头，左手推大身，缝头的宽窄要一致，在肩缝、衣片后中处要对位。领圈中途不可拉还或归拢，起落手回针缉牢，如图7-7-3（1）所示。

（2）将领口缝头放入领面、领里之间，用暗针扦领里，针脚要整齐、均匀，注意在衣服的正面不可露出针迹，如图7-7-3（2）所示。

四、立领工艺要点

领头要圆顺、对称；领子的宽窄、大小和样板一致；领下口松紧适宜，无皱褶现象。

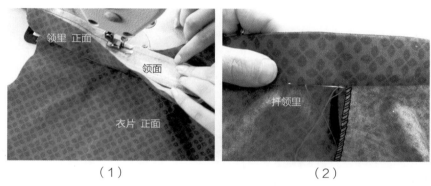

（1）　　　　　　　　　　　　　（2）

图7-7-3　绱领

思考与练习

1. 简述立领的款式特点。
2. 练习该款立领的制作、安装方法。

第八节　立领缝制与安装方法二

一、立领款式图

采用缉里压面的方法安装衣领，领口的边缘缉0.1cm的明线，如图7-8-1所示。

视频7-8-1
立领1

图7-8-1　立领二款式图

二、制作步骤

1. 做领

（1）在领面的反面根据样板画样，并将下领口缝头烫折到反面，折转包紧、烫干，不可凹进凸出，上口留出0.7cm的缝头，如图7-8-2所示。

（2）根据画好的领样缉领面与领里，注意领角处要圆顺。绱领点处领头决定领形，可为圆形，也可为方形，要做到左右对称。

视频7-8-2
立领2

图7-8-2　做领

2. 绱领

（1）将衣片的反面朝上与领里正面相对绱领，缝头的宽窄要一致，缉缝为0.8cm。注意在肩缝、衣片后领中要对位，衣领不偏斜，领圈中途不可拉还或归拢，起落针回针缉牢，如图7-8-3（1）所示。

（2）将领口缝头放入领面、里之间，沿着领口的边缘缉0.1cm的明线，线迹要整齐、美观，领面与领里的松紧要适宜，不可有链形，如图7-8-3（2）所示。

（1）

（2）

图7-8-3　绱领

思考与练习

1. 怎样使领头左右对称？领里不反吐？
2. 练习立领的制作、安装方法。
3. 以立领的缝制方法为依据进行设计训练。

第九节　女西服领缝制与安装

视频7-9-1
女西服领1

一、女西服领款式图

　　西服领也称驳领，是连同衣襟的驳头外拔而表现为衣领的整体款式，领子的款式变化较多，注重款式、造型的美观性，该领为平驳头西服领，在女式西服、外衣中应用较多，如图7-9-1所示。

视频7-9-2
女西服领2

二、准备材料

1. 领面

　　后领中为直丝道，同衣身丝道一致，根据样板一周放缝1cm。

2. 领里

视频7-9-3
女西服领3

　　串口线处为直丝道，后中处为斜丝道，根据样板一周放缝1cm。

3. 领衬

　　大小同领里、领面，采用有纺衬，如图7-9-2所示。

三、制作步骤

1. 做领

视频7-9-4
女西服领4

　　（1）先将领衬粘在领片上，把领里的正面相对，按照画好的领样缉线拼接领里，条格面料要做到左右对称，之后将缝头分开缝烫平，如图7-9-3（1）所示。

图7-9-1　女西服领款式图

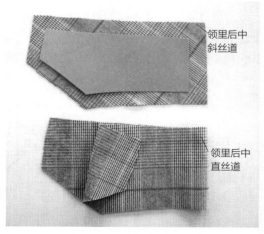

领里后中
斜丝道

领里后中
直丝道

图7-9-2　领衬

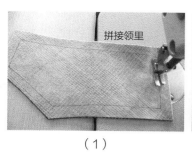
（1）

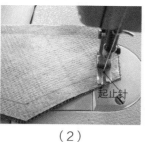
（2）

（3）

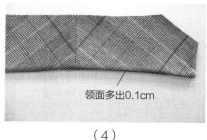
（4）

图7-9-3　做领

（2）将领里、领面正面相对做领，把领里放在上层，领面放在下层。在领角处领面要有松量，使之产生自然的窝势，防止领角外翘。要注意起止针的位置，串口线处所留的缝头不缉，如图7-9-3（2）所示。

（3）修剪外领口缝头使驳领伏贴，避免在烫领时领面出现亮光，留0.3~0.5cm，如图7-9-3（3）所示。之后将领面翻到正面烫平，领面要有0.1cm的坐势，领角处不可外翘，如图7-9-3（4）所示。

图7-9-4　缝合肩缝

2. 缝合肩缝

先缝合衣片后中缝、肩缝；再缝合衣里挂面、后中缝、肩缝，缝头均为0.8~1cm。缝合肩缝时后衣片放在下层，从横开领起1/3部位略放些层势，外1/3部位稍松于前肩，缉线要顺直，如图7-9-4所示。

3. 装领

装领前先将挂面驳口处的串口画好，按照净样板画准，之后将领面与挂面的正面相对，领里与衣身相对绱领，先用手针固定领口，之后平缝，缝头为0.8cm，在串口线转折处打剪口，注意不要剪断缉线，不要有起褶现象，如图7-9-5所示。

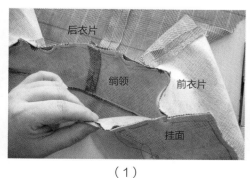
（1）

（2）

图7-9-5　装领

4. 烫领

（1）在串口线绱领点处打一剪口，深为0.8cm，不要剪断缉线，之后将衣片放在铁凳上，把绱领缝头分开缝烫平，串口线要烫直，不可有弯曲的现象，如图7-9-6（1）所示。

（2）将衣身止口处缝头倒向衣身，要有0.1cm的吐出量；驳头处缝头吐进0.1cm，注意在驳头处、止口处的吐量要均匀，如图7-9-6（2）所示。

（3）将领里、领面的领口缝头用手针固定，攃线的松紧要适宜，领里、领面不可有链形，如图7-9-6（3）所示。

（4）将衣片翻到正面烫驳领、驳头、止口，熨烫时要用湿布盖着烫，要伏贴、挺括、无亮光、无水印，如图7-9-6（4）所示。

四、女西服领工艺要点

领型舒展，左右一致，领位端正；领面伏贴、无折痕、无脱胶、无起泡，领角不反翘；整烫平挺，无亮光；领豁口不重叠、高低一致。

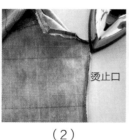

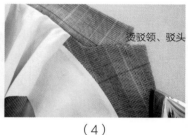

（1）　　　　　（2）　　　　　（3）　　　　　（4）

图7-9-6　烫领

思考与练习

1. 怎样使驳领领头左右对称？领里不反吐？
2. 简述女西服领的工艺要点。
3. 练习女西服领的制作、安装方法。
4. 以女西服领的缝制方法为依据进行设计训练。

第十节　男西服领缝制与安装

一、男西服领款式图

该款男西服领也称平驳头西服领，其外形美观挺括，领头伏贴，驳角与领角窝服，在男西服中应用较多，如图7-10-1所示。

图7-10-1　男西服领款式图

二、准备材料

1. 领面

同衣身丝道一致，根据样板在领头处放缝2.5cm，其余三边放缝1.5cm，如图7-10-2（1）所示。

2. 领底呢

根据样板在串口线处放缝0.8cm，如图7-10-2（2）所示。

3. 领衬

根据样板一周放缝1cm，如图7-10-2（3）所示。

三、制作步骤

1. 做领

（1）修领样：领面外口要比领底呢多出0.3~0.5cm包领面，按照样板将领宽减窄0.3~0.5cm；根据面料的特性、领下口拔开工艺等，领样板在后领中处减0.5cm左右。

（2）比样板：衣领串口线、绱领点、后中点要和样板一致。

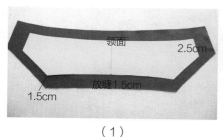

（1）

（2）　　　　　　　　（3）

图7-10-2　男西服领的准备材料

（3）做标记：在领样板上找出对位部位即后领中、肩缝的对位点。

（4）归、拔领面：领下口从肩缝对位点处开始拔开，翻折线要归拢，注意在归、拔领面时熨斗不能超过翻折线。

（5）做领：

第一步：将领底呢的反面朝上放在最下层，领面的反面朝上放在中间，领衬的正面朝上放在上层，与领底呢的反面相对，如图7-10-3（1）所示。

第二步：将领底呢、领面、领衬相叠1cm粘领衬，之后按照领底呢的大小将领衬的边缘修剪齐，领头两端要对称，如图7-10-3（2）所示。

第三步：将领面翻到正面，在领外口处，领面比领底呢多出0.3～0.5cm，如图7-10-3（3）所示。

第四步：利用三角针包领面，针距为0.2～0.3cm，针距要整齐、均匀、牢固，如图7-10-3（4）所示。

2. 缝合衣缝

（1）缝合衣片后中缝、肩缝，衣里挂面、后中缝、肩缝，缝头为0.8～1cm。缝合肩缝时后片放在下层，从横开领起1/3部位略放些层势，外1/3部位稍松于前肩，缉线要顺直。

（2）将衣片与挂面的正面相对，在缒领点处起针缉止口，注意在驳头处挂面稍松，在衣角处挂面稍紧，中间部位平走，缝头为0.8cm，缉线要顺直，操作时手要朝前推送，防止上下衣片长短不一。缉好后要检查一下驳头两格是否一致，吃势是否符合要求，如图7-10-4（1）所示。

（3）在缒领点处打剪口，之后将止口缝头倒向衣身方向烫止口，盖布将止口烫薄、烫煞；烫驳头下垫布馒头，要摆正驳头窝势，用力压烫，使驳头平、薄，在驳头处挂面要反吐0.1cm，如图7-10-4（2）所示。

（4）利用倒钩针倒扎领圈，以防领口拉还，针距为0.7～1cm，要掌握好领口的层势，如图7-10-4（3）所示。

3. 缒领

将领面的正面与挂面的正面相对，对准缺嘴剪口。在缒领点处起止针缒领，如图7-10-5（1）所示。注

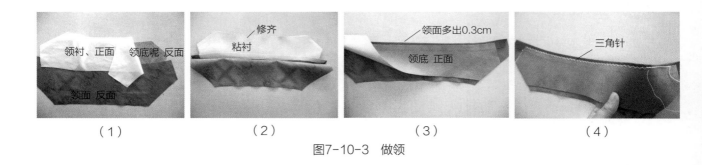

|（1）|（2）|（3）|（4）|

图7-10-3　做领

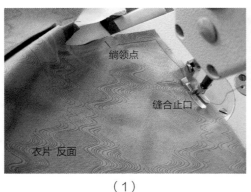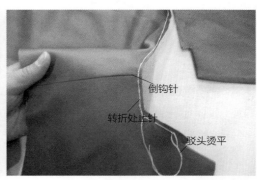

|（1）|（2）|（3）|

图7-10-4　缝合衣缝

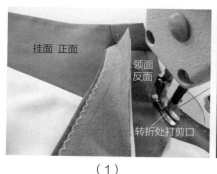
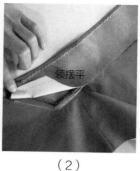

图7-10-5　绱领

图7-10-6　烫领、扦领底

意在串口线处绲线要直，串口线转折处打剪口，衣片不可出现碎褶现象，如图7-10-5（2）所示。

4. 烫领、扦领底

（1）先修剪串口线缝头，留0.5cm，以防止在驳头的正面出现烫痕，之后将缝头分开缝烫平，把后领口缝头倒向领面，如图7-10-6（1）所示。

（2）将领底呢放正，下领口盖没绲线，领头处折净，利用三角针固定领底呢与衣身，如图7-10-6（2）所示。

（3）烫正面驳领、驳头、止口。熨烫时要用水布盖着烫，要伏贴、挺括、无亮光、无水印，在驳头处、止口处的吐量要均匀。

四、男西服领工艺要点

包领三角针要整齐、美观、牢固；领面伏贴、无折痕、无脱胶、无起泡；领角不反翘，左右一致，领位端正；整烫平挺，无亮光；领豁口不重叠、高低一致。

思考与练习

1. 男西服领的领面、领衬、领底呢放缝的差异有哪些？
2. 简述男西服领的制作方法。
3. 练习男西服领的制作、安装方法。

第十一节　青果领缝制与安装

视频7-11-1
青果领1

一、青果领款式图

　　青果领的驳领与驳头连为一体，该领是挂面同驳头外拔而表现为衣领的整体款式，如图7-11-1所示。

图7-11-1　青果领款式图

二、制作步骤

1. 缝合肩缝

　　（1）将衣里与挂面的正面相对缉合，缝头为1cm，之后将缝头倒向挂面烫平，拼接后要求与前衣片的大小一致。

　　（2）缝合衣里与衣面的肩缝，缝头为0.8～1cm，注意在肩点处起止针的位置，离肩点拐角1cm处起止针，之后将缝头分开缝烫平，如图7-11-2（1）、图7-11-2（2）所示。

　　（3）在肩点拐角处打0.8cm深剪口，注意不要剪断缉线。该剪口的深度决定领子下领口的缝头宽度，所以也不能离缉线太远，如图7-11-2（3）所示。

视频7-11-2
青果领2

2. 缉领

　　（1）将左右衣片的正面相对，缝合领里、领面后中缝，之后将缝头分开缝烫平，如图7-11-3（1）所示。

　　（2）将衣片的正面与领片的正面相对，分别缝合领里、领面的下领口，领圈中途不可拉还或归拢，起落手回针缉牢，在肩点拐角处不可有漏针或皱褶现象，如图7-11-3（2）～图7-11-3（5）所示。

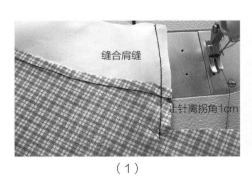

（1）

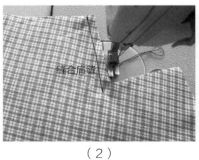

（2）

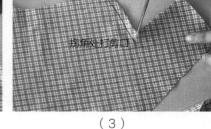

（3）

图7-11-2　缝合肩缝

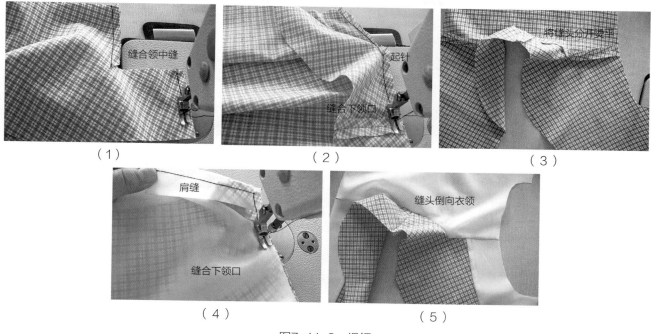

（1）　　　　　（2）　　　　　（3）

（4）　　　　　（5）

图7-11-3　缉领

3. 缉合止口

将衣片与挂面的正面相对缉合止口，缝头为1cm，注意上下层要比齐，后领中缝要对齐。在驳头处挂面稍松，在衣角处挂面稍紧，中间部位平走，缉线要顺直，操作时手要朝前推送，防止缉还。缉好后要检查一下驳头两格是否一致，吃势是否符合要求，如图7-11-4所示。

4. 烫止口

将止口的缝头倒向衣身烫平，如图7-11-5（1）

所示，在驳领处吐出0.1cm，止口处吐进0.1cm。在正面熨烫时要用水布盖着烫，要伏贴、挺括、无亮光、无水印，如图7-11-5（2）所示。

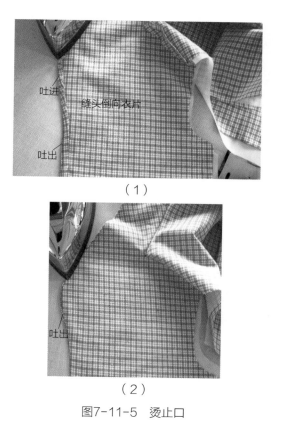

（1）

（2）

图7-11-5　烫止口

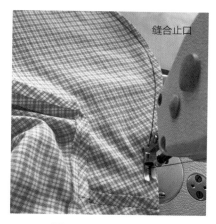

图7-11-4　缉合止口

利用手针固定领里与领面的下领口，攃线的松紧要适宜，领里、领面不可有链形。

三、青果领工艺要点

领里与领面的松紧要一致；领里与领面中点对准，不偏斜；止口处挂面不反吐；门里襟长短一致。

思考与练习

1. 简述青果领的制作方法。
2. 以青果领的制作方法为依据进行设计训练。

第八章

门襟缝制工艺

门襟是指衣服可解开或扣合以方便穿着的部位，暗门襟缝制是成衣纽扣隐藏在里面不外露的开口形式，暗门襟具有装饰性和实用性，外观简朴，适合表现各种风格优雅、轻松舒适的男女装。

第一节　连贴边门襟缝制工艺

一、连贴边门襟款式图

该款门襟是连同衣片自带贴边，上下两层的形式，在衣片的正面止口处有一条明线，明线与搭门等宽或比搭门稍宽；在男、女衬衫中应用较多，如图8-1-1所示。

图8-1-1　连贴边门襟款式图

二、准备材料

视频8-1-1
连贴边门襟

1. 左右前衣片

在衣片的反面画出前中心线、搭门宽、贴边宽、缝头；搭门宽2cm左右，贴边宽可根据衣服的长短、款式而改变，不影响服装成品尺寸。

2. 熨烫定型板

搭门宽2cm左右，如图8-1-2所示。

图8-1-2　搭门及定型板

三、制作步骤

1. 烫贴边

根据熨烫定型板将贴边缝头烫折到反面，之后再次折转贴边熨烫，烫出贴边净宽；要熨烫平整，宽度一致，如图8-1-3所示。

2. 缝合贴边

将衣片摆平，衣片的反面朝上，沿着贴边的烫折边缉0.1cm的明线；明线要整齐、顺直，上下线松紧适宜，不可有跳针、浮线

（1）　　　　　　（2）

图8-1-3　烫贴边

的现象，如图8-1-4所示。

四、连贴边门襟工艺要点

　　贴边的宽度要一致，上下层平整；明线要整齐、顺直，上下线松紧适宜，不可有跳针、浮线的现象。

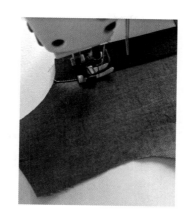

图8-1-4　缉合贴边

思考与练习

　　1. 连贴边门襟的特点有哪些？

　　2. 以连贴边门襟的制作方法为依据进行实操训练。

第二节　加贴边门襟缝制工艺

一、加贴边门襟款式图

该款式是将门襟贴边另外拼接在衣片上，在衣片的正面有一条贴边，贴边同搭门等宽或比搭门稍宽，在男、女衬衫中应用较多，如图8-2-1所示。

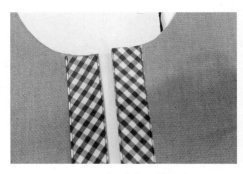

图8-2-1　加贴边门襟款式图

二、准备材料

视频8-2-1
加贴边门襟1

1．左、右前衣片

在衣片的反面画出前中心线、搭门宽；搭门宽2cm左右。

2．门襟贴边

贴边长，同衣片止口的长度；净宽2cm左右，毛宽4cm左右；贴边宽可根据衣长、服装的款式改变，不影响服装成品尺寸，如图8-2-2（1）所示。贴边的反面粘衬，衬的大小同面。

3．熨烫定型板

定型板长同贴边；净宽2cm左右，如图8-2-2（2）所示。

三、制作步骤

视频8-2-2
加贴边门襟2

1．烫贴边一侧缝头

根据熨烫定型板将贴边一侧缝头烫折到反面，要熨烫平整，宽度一致，如图

（1）　　　　　　　　　　　　　（2）

图8-2-2　准备材料

图8-2-3 烫贴边一侧缝头

图8-2-4 缝合贴边

图8-2-5 烫贴边

图8-2-6 缉压明线

8-2-3所示；另一侧，根据净样板画样。

2. 缝合贴边

将衣片摆平，衣片的反面朝上，贴边的正面与衣片的反面相对平缝，根据划线缝线，缝头为0.8cm；缝合时，下层稍稍拉紧，上层轻轻向前推，缝线要顺直，上下线松紧适宜，如图8-2-4所示。

3. 烫贴边

先将缝合好的贴边缝头分开缝烫平，再将贴边折转到衣片的正面烫平服，如图8-2-5所示。

4. 缉压明线

将衣片摆平，正面朝上，沿着贴边的烫折边缉0.1cm宽明线两道；明线要整齐、顺直，上下线松紧适宜，不可有跳针、浮线的现象，如图8-2-6所示。

四、加贴边门襟工艺要点

贴边的宽度要一致，上下层伏贴；明线整齐、顺直，面线与底线松紧适宜；熨烫平整。

思考与练习

1. 加贴边门襟的特点有哪些？
2. 以加贴边门襟的制作方法为依据进行实操训练。

第三节　加搭门门襟缝制工艺

一、加搭门门襟款式图

该款门襟是在前衣片的止口处拼接一搭门，搭门为上下两层的形式；在男、女衬衫中应用较多，如图8-3-1所示。

视频8-3-1
加搭门门襟

二、准备材料

1. 左、右前衣片

在衣片的反面画出前中心线、缝头；缝头宽0.8~1cm左右。

2. 搭门用料

搭门用料长同衣片止口的长度；净宽2cm左右，毛宽4cm左右，如果面料较薄，可在搭门用料的反面粘衬，衬的大小同面，如图8-3-2所示。

3. 熨烫定型板

定型板净宽2cm左右，应采用较硬的卡纸。

三、制作步骤

1. 烫搭门

根据熨烫定型板将搭门一侧缝头烫折到反面，再根据净样板烫折平整；注意，熨烫时搭门的宽度一致，要烫实，中间不能有空、虚的现象，如图8-3-3所示。

图8-3-1　加搭门门襟款式图

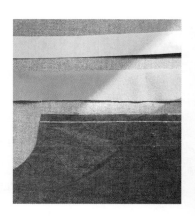

图8-3-2　准备材料

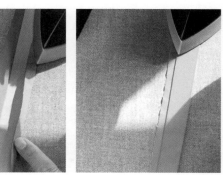

图8-3-3　烫搭门

（1）　　　　　　　　　　（2）

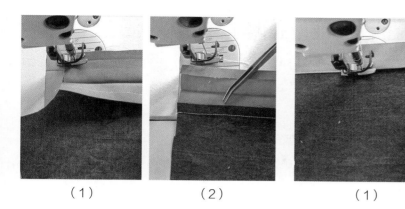

（1）　　　　　　　　　（2）

图8-3-4　缝合搭门

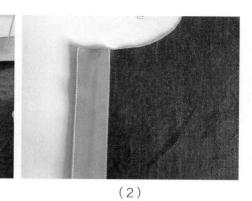

（1）　　　　　　　　　（2）

图8-3-5　缉压明线

2. 缝合搭门

（1）将衣片摆平，衣片的反面朝上，搭门的正面与衣片的反面相对平缝，缝头为0.8cm；缝合时，下层稍稍拉紧，上层轻轻向前推，缝线要顺直，上下线松紧适宜，如图8-3-4（1）所示。

（2）将缝头修剪整齐，可留0.6cm左右，之后将缝头倒向搭门方向烫平，如图8-3-4（2）所示。

3. 缉压明线

将衣片摆平，正面朝上，沿着搭门的烫折边缉0.1cm宽明线两道；明线要整齐、顺直，上下线松紧适宜，不可有跳针、浮线的现象，如图8-3-5所示。

四、加搭门门襟工艺要点

搭门门襟的宽度要一致，上下层伏贴、无链形；明线整齐、顺直，松紧适宜；熨烫平整、无烫痕。

思考与练习

1. 加搭门门襟的工艺要点有哪些？
2. 以加搭门门襟的制作方法为依据进行实操训练。

第四节　连挂面暗门襟缝制工艺

视频8-4-1
暗门襟1

一、连挂面暗门襟款式图

　　该款的挂面是衣片自带的，是两层结构（不包括衬布），仅在挂面上锁纽眼，止口较薄，外观为单嵌线的形式，如图8-4-1所示。

缉明线

图8-4-1　连挂面暗门襟款式图

视频8-4-2
暗门襟2

二、准备材料

　　嵌线料（1片）：长根据纽眼的数量、间距来确定；宽为6cm左右。

视频8-4-3
暗门襟3

三、制作步骤

1. 缉门襟贴边

　　在门襟贴边的反面粘衬并画出开口的宽与长，根据划线缉缝，要掌握好贴边的松紧，针距要密一些，间距宽0.3cm，如图8-4-2（1）所示，缉线离止口1.2～1.5cm，如图8-4-2（2）所示。

2. 开口

　　在两缉线中间将衣片剪开，离两端0.5cm剪成三角形，注意不要把缉线剪断，也不能离缉线太远，如图8-4-3所示。

3. 烫门襟贴边

　　将门襟贴边倒向衣身方向烫平，并烫出0.3cm宽的嵌线。要做到平薄伏贴，嵌线两端要方正，不可有毛出或褶皱的现象，如图8-4-4所示。

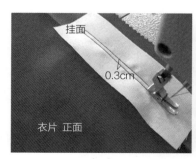

挂面

0.3cm

衣片 正面

1.2cm

图8-4-2　缉门襟贴边

（1）　　　　　　　　　　（2）

图8-4-3 开口

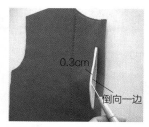
图8-4-4 烫门襟贴边

图8-4-5 缉止口明线

图8-4-6 锁纽眼

4. 缉止口明线

先把门、里襟及缺嘴两边比齐，检查一下门、里襟的长短，沿止口缉宽4cm左右的明线固定衣片、门襟贴边（两层）与挂面，在门襟贴边之间不可有毛出的现象。要用镊子将衣片向前推送，以免起链，如图8-4-5所示。

5. 锁纽眼

离止口2cm左右锁纽眼，锁眼的位置按照要求，纽眼大小一般大于纽扣0.1~0.2cm，为平头眼，如图8-4-6所示。

四、连挂面暗门襟工艺要点

贴边离止口的距离要恰当；嵌线宽窄一致；明缉线整齐、均匀。

思考与练习

1. 连挂面暗门襟的款式特点、用途有哪些？
2. 简述连挂面暗门襟的制作方法。

第五节　加挂面暗门襟缝制工艺方法一

一、加挂面暗门襟款式图

挂面和衣片分开裁剪，中间加两层贴边构成暗门襟，是四层结构（不包括衬布），由于层数多，具有厚重感，适合于男女大衣、风衣及毛料正统服装，如图8-5-1所示。

二、准备材料

门襟贴边两片：长根据纽眼的数量、间距来确定，宽为5cm左右，如图8-5-2所示。为了使门襟挺括，将衣片、挂面及两层贴边的反面粘薄型有纺衬或无纺衬。

三、制作步骤

1. 缉贴边

（1）在衣片、挂面止口处做出起止针标记，将挂面的正面朝上与门襟贴边①正面相对缉合，缝头为1cm（第一条缉线），起止针要回针缉牢，如图8-5-3（1）所示。

（2）缉合衣身与门襟贴边②，缝头为1cm（第二条缉线），两条缉线的长短要一样，离直开领的距离要一致，如图8-5-3（2）所示。

2. 缉合止口

将衣片与挂面的正面相对，门襟贴边①与②倒向一侧缉合止口，缝头为1cm，要注意上段、下段起止针的位置。止针为第一条缉线止针处，起针为第一条缉线始针处，如图8-5-4所示。

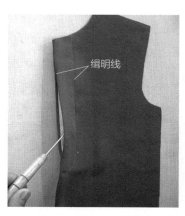 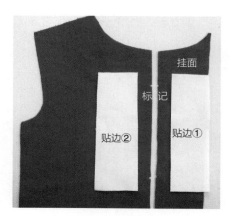

图8-5-1　加挂面暗门襟款式图　　　　图8-5-2　门襟贴边

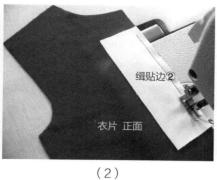

（1）　　　　　　　　　（2）

图8-5-3　缉贴边

（1）　　　　　　　　（2）

图8-5-4　缉合止口

3. 烫止口

将门襟贴边①与②放在衣片与挂面中间烫止口，止口处门襟贴边不可有反吐现象。

4. 缉止口明线

把门、里襟比齐，检查一下门、里襟的长短，沿止口缉3.5cm左右宽的装饰明线，固定衣片、门襟贴边（两层）与挂面。要用镊子将衣片向前推送，以免起链；装饰明线要按照工艺要求缉缝成直线或弧线，如图8-5-5所示。

图8-5-5　缉止口明线

思考与练习

1. 简述加挂面暗门襟的款式特点。
2. 缉合止口时应注意什么？

第六节　加挂面暗门襟缝制工艺方法二

一、准备材料

门襟贴边：长根据纽眼的数量、间距来确定；宽为5cm左右。要注意挂面与贴边的裁法，如图8-6-1所示。

图8-6-1　门襟贴边

二、制作步骤

1. 缉贴边

（1）将挂面的正面与门襟贴边①正面相对缉合（第一条缉线），缝头为0.6cm，在门襟贴边①拐角处打剪口，剪口的深度要依据缝头的宽度，注意不可剪断缉线，也不可离缉线太远，如图8-6-2（1）所示。

（2）将衣身的正面朝上与门襟贴边②正面相对缉合（第二条缉线），缝头为1cm，要注意起止针的位置，第一、二条缉线起针位置离直开领的距离要一致，如图8-6-2（2）所示。

（3）将门襟贴边①与②翻到反面烫平，止口处不可有反吐现象。

2. 缝合止口

将衣片与挂面的正面相对缉合止口，缝头为1cm，要注意上段、下段起止针的位置要正确，上下层贴边的松紧要一致，如图8-6-3所示。

3. 缉止口明线

（1）将门襟贴边放在衣片与挂面之间烫伏贴，把右襟的反面朝上，缝纫机底、面线调节好，沿止口缉0.8～1cm宽的明线，线迹要求整齐、均匀，不可有跳线、浮线的现象，如图8-6-4（1）所示。

（2）将衣片摆正，上下层放平，沿止口缉4cm左右宽的装饰明线固定衣片、门襟

图8-6-2　缉贴边

（1）

（2）

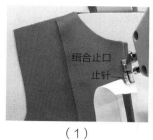
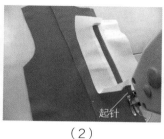
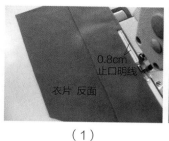

图8-6-3　缝合止口　　　　　　　　　　　图8-6-4　缉止口明线

贴边（两层）与挂面，在门襟贴边中间不可有毛出的现象，要用镊子将衣片向前推送以免起链，按照工艺要求将装饰明线缉缝成折线或弧线，如图8-6-4（2）所示。

4．锁纽眼

在挂面上按照眼位锁眼，纽眼离止口1.5~2cm，针脚要整齐。锁眼的位置按照要求，纽眼大小一般大于纽扣0.1~0.2cm，为平头眼或圆头眼。

三、装挂面暗门襟工艺要点

贴边的松紧要适宜；明线宽窄一致、整齐、美观；扣与眼位置恰当，锁眼整齐，钉扣准确。

思考与练习

1. 加挂面暗门襟的款式特点、用途有哪些？
2. 以该款暗门襟的制作方法为依据进行设计训练。

参考文献

［1］吕学海，包含芳. 图解服装缝制工艺［M］. 北京：中国纺织出版社，2003.

［2］克里斯·杰弗莉，等. 服装缝制图解大全［M］. 潘波，等译. 北京：中国纺织出版社，1996.

［3］欧阳心力. 服装工艺学［M］. 北京：高等教育出版社，2004.

［4］李凤云. 服装制作工艺［M］. 北京：高等教育出版社，2002.

［5］赵学舜. 服装缝制工艺［M］. 北京：高等教育出版社，1992.

［6］中国标准出版社第一编辑室. 服装工业常用标准汇编：第4版［M］. 北京：中国标准出版社，2005.

［7］闫学玲，吕经伟，于瑶. 服装工艺［M］. 北京：中国轻工业出版社，2011.